《贵州苹果》团体标准体系

贵州省威宁彝族回族苗族自治县果业发展中心　编

知识产权出版社

全国百佳图书出版单位

—北 京—

图书在版编目（CIP）数据

《贵州苹果》团体标准体系 / 贵州省威宁彝族回族苗族自治县果业发展中心编 . — 北京：知识产权出版社，2021.9

ISBN 978-7-5130-7653-1

Ⅰ . ①贵… Ⅱ . ①贵… Ⅲ . ①苹果—标准体系—研究—贵州 Ⅳ . ① S661.1–65

中国版本图书馆 CIP 数据核字（2021）第 162755 号

责任编辑：高　超　　　　　　责任校对：王　岩
装帧设计：品　序　　　　　　责任印制：孙婷婷

《贵州苹果》团体标准体系

贵州省威宁彝族回族苗族自治县果业发展中心　编

出版发行：知识产权出版社 有限责任公司		网　　址：http://www.ipph.cn	
社　　址：北京市海淀区气象路50号院		邮　　编：100081	
责编电话：010–82000860 转 8383		责编邮箱：morninghere@126.com	
发行电话：010–82000860 转 8101/8102		发行传真：010–82000893/82005070	
印　　刷：北京九州迅驰传媒文化有限公司		经　　销：各大网上书店、新华书店及相关专业书店	
开　　本：787mm×1092mm 1/16		印　　张：7.75	
版　　次：2021年9月第1版		印　　次：2021年9月第1次印刷	
字　　数：113千字		定　　价：48.00元	
ISBN 978-7-5130-7653-1			

《〈贵州苹果〉团体标准体系》编委会

工作统筹　贵州省威宁彝族回族苗族自治县果业发展中心
起草单位　贵州省威宁彝族回族苗族自治县果业发展中心
　　　　　　威宁彝族回族苗族自治县农业农村局
　　　　　　贵州省果树科学研究所
　　　　　　贵州省果树蔬菜工作站
　　　　　　贵州省地理标志研究中心
　　　　　　贵州省地理标志研究会
　　　　　　生态环境部南京环境科学研究所
　　　　　　贵州省威宁彝族回族苗族自治县市场监督管理局
　　　　　　贵州省毕节市植保植检站
　　　　　　贵州省毕节市经济作物工作站
　　　　　　贵州省农业农村厅农业科教发展中心
　　　　　　贵州省黔南州长顺县农业农村局
　　　　　　贵州省兴义市农业农村局
　　　　　　贵州省毕节市赫章县农业农村局
　　　　　　贵州省盘州市农业农村局

主　　编　李顺雨　　邵　宇　　吴亚维

副主编　姚　鹏　　戴　蓉　　王洪亮

起草人员　李顺雨　　牟　琴　　吴亚维　　陶玉鑫　　马　检

（排名不　谢　源　　吴　超　　谢　江　　杨　华　　牟东岭

分先后）　张素杰　　王军堂　　周金忠　　徐永康　　祖贵东

　　　　　代振江　　梁　潇　　李　强　　杨荣福　　彭邦远

　　　　　朱琴佳　　朱良玉　　刘　茜　　徐俊奎　　潘学军

　　　　　赵　江　　陈祖谣　　耿广东

标准归口　贵州省地理标志研究会

发布平台　全国团体标准信息化平台

发布单位　贵州省地理标志研究会

标准实施　贵州省地理标志研究会成员及其成员单位

标准监管　贵州省市场监督管理局

　　　　　贵州省农业农村厅

　　　　　贵州省地理标志研究会

目 录

《贵州苹果》
团体标准体系

T/GGI

团体标准

T/GGI 062—2020

贵州苹果　栽培技术规程

Guizhou Apple—Code of Practice for Cultivation

2020－11－20发布　　　　　　　　　　　　2020－12－20实施

贵州省地理标志研究会　发布

前 言

《贵州苹果》团体标准体系分为如下 5 个部分：

——第 1 部分　栽培技术规程

——第 2 部分　病虫害绿色防控技术规程

——第 3 部分　采摘技术规范

——第 4 部分　贮运技术规范

——第 5 部分　质量等级

本部分为《贵州苹果》团体标准体系的第 1 部分。

本文件按照 GB/T 1.1—2020《标准化工作导则 第 1 部分：标准的结构和编写》给出的规则起草。

请注意：本文件的某些内容可能涉及专利，本文件的发布机构不承担识别这些专利的责任。

本文件由威宁自治县果业发展中心提出。

本文件由贵州省地理标志研究会归口。

本文件起草单位：威宁自治县果业发展中心、威宁自治县农业农村局、贵州省果树科学研究所、贵州省果树蔬菜工作站、贵州省地理标志研究会、贵州大学、威宁自治县市场监督管理局、毕节市植保植检站、毕节市经济作物工作站、威宁超越农业有限公司、威宁县乌蒙绿色产业有限公司、贵州省农业农村厅农业科教发展中心、生态环境部南京环境科学研究所、贵州省绿色食品发展中心、长顺县农业农村局、兴义市农业农村局、赫章县农业农村局、盘州市农业农村局。

本文件主要起草人：李顺雨、戴蓉、吴亚维、杨华、代振江、梁潇、牟琴、陈祖谣、谢江、邵宇、潘学军、王军堂、王洪亮、马检、吴超、耿广东、张素杰、牟东岭、周金忠、祖贵东、徐永康、赵江、李强、杨荣福、彭邦远、朱琴佳、朱良玉、刘茜、徐俊奎。

贵州苹果　栽培技术规程

1　范围

本文件规定了苹果生产园地选择与规划、栽植、土肥水管理、整形修剪、花果管理技术。

本文件适用于贵州苹果的栽培种植。

2　规范性引用文件

下列文件中的内容通过文中的规范性引用而构成本文件必不可少的条款。其中，注日期的引用文件，仅该日期对应的版本适用于本文件；不注日期的引用文件，其最新版本（包括所有的修改单）适用于本文件。

GB 5084—2021 农田灌溉水质标准

GB/T 8321—2003（所有部分）农药合理使用准则

GB 9847—2003 苹果苗木

GB 15618—2018 土壤环境质量农用土壤污染风险管理标准（试行）

NY/T 1555—2007 苹果育果纸袋

3　园地选择与规划

3.1　园地选择

气候条件

年平均气温 10 ～ 15℃，1 月份平均气温 0 ～ 6℃，夏季（6 ～ 8 月）平均气温 17 ～ 24℃，≥ 10℃的年积温 3000℃以上，年日照时数 1500h 以上，年降雨量 800 ～ 1400mm，年平均空气相对湿度 75% 以下。

产地环境条件

砂壤土、壤土，质地良好，微酸性或中性，pH 为 6.0 ～ 7.5，土层深厚，土层深度 60cm 以上，有机质含量在 1.0% 以上。果园土壤环境质量应符合 GB 15618—2018 的规定。

3.2 园地规划

划分小区，修筑必要的道路、排灌和蓄水、附属建筑等设施。平地及坡度在 6°以下的缓坡地，栽植行向为南北向。坡度在 6°～25°的山地、丘陵地，建园时宜修筑水平梯地，栽植行的行向与梯地走向相同，推荐采用等高栽植。

3.3 品种

根据产地生态条件，结合品质与熟期特性、耐贮运性、抗性、市场要求等选择当地优良的主栽品种和适宜的授粉品种，贵州适宜的主栽品种主要有黔选系、富士系、嘎啦系、金冠系等。早、中、晚熟品种比例控制在 15 ：20 ：65。

4 栽植

4.1 苗木质量
苗木的基本质量符合 GB 9847—2003 的规定。

4.2 栽植时间
栽植时间为秋季落叶后至春季萌芽前。

4.3 栽植密度
根据品种特性、砧穗组合、环境条件、整形方式和管理水平确定栽植密度。乔化栽植株行距，（3～4）m×（4～5）m；矮化栽植株行距，（1～1.5）m×（3.5～4）m。

4.4 栽植技术
乔化，定植穴长、宽、深均为 80～100cm；矮化，逢中挖定植沟，沟深 60cm、宽 1m。栽植穴或栽植沟内施入以腐熟农家肥为主的有机肥料，每亩地平均 1～2t，将肥料与土混匀填入地平面 30cm 以下，回填后定植墩高于地平面 30cm 以上。将苗木根部放入穴中央，嫁接口朝迎风方向，舒展根系，扶正，边填细土边轻轻向上提苗、踏实，使根系与土壤密接。填土后在树苗周围做直径 1m 的树盘，浇透定根水，覆细土。乔化主栽品种与授粉品种比例约为 4：1，矮化主栽品种与授粉品种比例约为

8：1；同一果园内栽植 2 ~ 4 个品种。定植后勤浇水，灌水后树盘可覆盖薄膜、稻草或秕壳等保墒。乔化苗栽植时，须埋土至嫁接口与地面持平；中间砧矮化苗栽植时，须埋土至中间砧（第一嫁接口至第二嫁接口之间的砧木）2/3 处；自根砧矮化苗栽植时，须埋土至嫁接口以下 5cm 处。

5　土肥水管理

5.1　土壤管理

深翻扩穴，熟化土壤

深翻扩穴从树冠外围滴水线处开始，逐年向外扩展 60 ~ 80cm，深 40 ~ 60cm，土壤回填时混以有机肥，充分灌水，使根与土密接。全园深翻为将栽植穴外的土壤全部深翻，深 30cm ~ 40cm。

间作或生草

间作浅根、矮秆的豆科植物、蔬菜和牧草或绿肥，通过翻压、覆盖和沤制等方法将其转变为有机肥，提高土壤肥力和蓄水能力。

覆盖与培土

在春季施肥、灌水后用麦秆、麦糠、稻草、树叶、油菜壳等覆盖树盘，覆盖厚度 15 ~ 20cm，覆盖物应与根颈保持的 10cm 的距离，覆盖物上压少量细土。

中耕除草

果园在生长季降雨或灌水后，及时中耕除草、松土，中耕深度 5 ~ 10cm，每年除草 2 ~ 3 次，保持土壤疏松无杂草。

5.2　施肥

施肥原则

根据土壤地力或果树生长现状营养诊断结果确定施肥量。以有机肥施用为主，合理施用无机肥。氮、磷、钾肥配合施用，其比例：幼树，2：2：1；成年树，2：1：2。针对性补充大、中、微量元素肥料，充分满足苹果对各种营养元素的需求。

施肥方法

施肥方法分为土壤施肥和根外追肥。在树冠滴水线外侧挖沟（穴），东西、南北对称轮换位置施肥。化肥溶于粪水一起施用。土面撒施的肥料应选用缓释肥为主。

基肥

秋季采果后施入，应突出"熟、早、饱、全、深、匀"的技术要求，以有机肥为主，保证有机肥充分沤熟，混加磷肥和少量氮素化肥。施肥量为：幼树 25 ～ 50kg/ 株；结果期树 50 ～ 100kg/ 株。施肥方法以沟施为主，挖放射状沟（距树干 80 ～ 100cm 开始向外挖至树冠外线）或在树冠外围挖环状沟，沟深 30 ～ 50cm，施基肥后灌足水。撒施肥料应在树冠投影范围内，将肥料均匀撒施后翻深 20cm。

土壤追肥

采用条沟、放射沟或环状沟施肥，沟深 15 ～ 20cm。土壤追肥每年 3 次。幼树在萌芽前、春梢旺长期、秋季追施，以氮肥为主，配合施用磷钾肥。成年树追肥第一次在萌芽前，以氮肥为主；第二次在花芽分化及果实膨大期，以磷钾肥为主，氮磷钾混合施用；第三次在果实生长后期，以钾肥为主。追肥后及时灌水。中等肥力苹果园，每产果 100kg 追施纯氮 1.0kg、纯磷（P_2O_5）0.5kg、纯钾（K_2O）1.0kg。

叶面追肥

选用适宜的大量元素肥料或微量元素进行叶面喷施，全年 4 ～ 5 次。生长前期 2 次，以氮肥为主；后期 2 ～ 3 次，以磷、钾肥为主。肥料浓度：尿素 0.3% ～ 0.5%，磷酸二氢钾 0.2% ～ 0.3%，硼砂 0.1% ～ 0.3%，氨基酸类叶面肥 600 ～ 800 倍。叶面追肥应结合病虫害防治进行。病虫害防治原则应符合本标准体系《贵州苹果　病虫害绿色防控技术规程》的规定。

5.3　水分管理

灌溉

在春梢萌动、展叶和果实迅速膨大期适量灌溉。灌溉方式采取滴灌、树盘灌溉、沟灌、喷灌、穴贮肥水灌溉等。灌溉水水质应符合 GB 5084 的规定。

排水

设置排水系统，及时清淤，疏通排水系统，多雨季节或果园积水时通过沟渠及时排水。

6 整形修剪

6.1 常用树形

采用周年整形修剪，即在一年四季根据不同时期进行相应的整形和修剪，常用树形主要是细纺锤形、自由纺锤形、小冠疏层形。

细纺锤形

整个树冠上部渐尖，下部略宽，外观呈细长纺锤形，适于矮砧和短枝型品种密植栽培。行距 3 ～ 4m，株距 2m，树高约 3.5m，冠径 1.5 ～ 2.0m，干高 70 ～ 90cm，中心干直立健壮，其上呈螺旋状均匀或呈层状插空着生 15 ～ 20 个单轴延伸的小主枝，小主枝不留侧枝、不分层，间距 15 ～ 20cm，各主枝插空排列，螺旋上升，由下向上，分枝角度越来越大，下部枝 70°～ 80°，中部枝 80°～ 90°，上部枝 100°～ 120°，直接在中心干和小主枝上结果。领导干与主枝粗度比为（3 ～ 5）：1，小主枝两侧间隔约 15cm 右配备单轴、松散、下垂结果枝，全树瘦长，整个树冠呈细长形圆锥形。

自由纺锤形

适于（乔化）株距约 3m、行距约 4m 的栽植密度。树高 3.0 ～ 3.5m，冠径 2.5 ～ 3.0m，干高 60 ～ 80cm，中心干直立健壮，其上呈螺旋状均匀或呈层状插空着生 10 ～ 15 个单轴延伸的小主枝，主枝不留侧枝、不分层，主枝间距 20 ～ 25cm，主枝角度上、中、下部由 80°约依次加到 90°以上，中干与主枝粗度比为 3：1，主枝上不着生侧枝，相隔 15 ～ 20cm 直接着生松散、下垂结果枝，同方位上下两个小主枝的间距大于 50cm，全树呈下大上小的纺锤形，各级主轴间（中干—主枝—枝组轴）从属关系分明，差异明显，各为母枝粗度的 1/3 ～ 1/2，当主枝粗度为中心干的 1/2 时应及时更新回缩。

小冠疏层形

适宜于（3～4）m×（4～5）m的栽植密度。干高50～60cm，树高3.5～4.0m，冠幅约2.5m，中心干上5个主枝分两层。第一层在40cm范围内有3个主枝，基角60°～70°，方位角120°，各配置1～2个侧枝，第一侧枝距中心干50cm，第二侧枝距位于第一侧枝40～50cm处的另侧；第二层在20～30cm范围内有2个主枝，基角50°～60°，分别安插在第一层3个主枝的空间，但不宜在南向挡光，其上不着生侧枝。两层间距80~100cm，层间配置邻近相对的两个铺养枝，其与上下层主枝不重叠，水平着生。下层主枝角度大于上层，各主枝上合理配置中小型枝组。

6.2 不同树龄

幼树期

除竞争枝和近地枝梢外，保留定干后发出的所有枝，第3年冬剪时疏除整形带以下的全部多余枝。春季对枝中后部、背后和两侧不易萌发的芽进行刻伤。冬剪时，一二年生树以中短截发育枝为主，促发长枝；缓放二年生树的个别长枝和三年生树的大部分长枝，促发中短枝。

初果期

冬剪疏除密生旺枝、徒长枝和纤细枝，生长季进行拉枝，辅以刻芽、环剥，培养以中小结果枝组为主的健壮结果枝群，调节结果量，合理负载。

盛果期

强旺树、弱树和中庸健壮树分别采取以"控""促"和"保"为主的修剪措施，使树体稳定、健壮。除冬剪外，加强生长季修剪，拉枝开角，及时疏除树冠内直立旺枝、密生枝和剪锯口处萌蘖枝，使枝条分布上稀下密、外稀内密，保持树冠通风透光。冬季修剪剪除病虫枝，清理病虫僵果。

7 花果管理

7.1 授粉

采用人工授粉、蜜蜂传粉或壁蜂授粉等方法提高座果率和果实整齐度。

7.2 控花疏果

根据品种、环境及花、果间距控花疏果，间距与留果方法为：实生砧嫁接树，中型果品种以果间距 15～25cm 留单果为主，留双果为辅；大型果品种以果间距 20～30cm 留单果。矮化中间砧树及短枝型树中型果品种以果间距 15～20cm 留单果；大型果品种以果间距 20～25cm 留单果。在花序伸出期至花蕾分离期，按间距疏除过多、过密的瘦弱花序。

7.3 果实套袋

套袋时期，早、中熟品种在落花后约 30d 进行套袋，中晚熟、晚熟品种为落花后 35～45d 进行套袋。套袋前必须喷 1～2 次杀虫、杀螨剂和杀菌剂混合药液，药干后选择生长正常、健壮的果实及时套袋。套袋时防止纸袋贴紧果皮。果实成熟前根据气候条件和市场需求确定除袋具体时间。根据 NY/T 1555 选择合格育果纸袋。

T/GGI

团体标准

T/GGI 063—2020

贵州苹果　病虫害绿色防控技术规程

Guizhou Apple—Code of Practice for green prevention and control of diseases and insect pests

- · 前言
- · 范围
- · 规范性引用文件
- · 术语和定义
- · 防控原则
- · 主要病虫害
- · 防控措施
- · 防治记录
- · 附录 A(资料性附录) 贵州苹果主要病虫绿色防控常用农药
- · 附录 B(规范性附录) 贵州苹果生产过程中禁止使用的农药

2020－11－20发布　　　　　　　　　　2020－12－20实施

贵州省地理标志研究会　发布

前 言

《贵州苹果》团体标准体系分为如下 5 个部分：

—— 第 1 部分 栽培技术规程

—— 第 2 部分 病虫害绿色防控技术规程

—— 第 3 部分 采摘技术规范

—— 第 4 部分 贮运技术规范

—— 第 5 部分 质量等级

本部分为《贵州苹果》团体标准体系的第 2 部分。

本文件按照 GB/T 1.1—2020《标准化工作导则 第 1 部分：标准的结构和编写》给出的规则起草。

请注意：本文件的某些内容可能涉及专利，本文件的发布机构不承担识别这些专利的责任。

本文件由威宁自治县果业发展中心提出。

本文件由贵州省地理标志研究会归口。

本文件起草单位：威宁自治县果业发展中心、威宁自治县农业农村局、贵州省果树科学研究所、贵州省果树蔬菜工作站、贵州省地理标志研究会、贵州大学、威宁自治县市场监督管理局、毕节市植保植检站、毕节市经济作物工作站、威宁超越农业有限公司、威宁县乌蒙绿色产业有限公司、贵州省农业农村厅农业科教发展中心、生态环境部南京环境科学研究所、贵州省绿色食品发展中心、长顺县农业农村局、兴义市农业农村局、赫章县农业农村局、盘州市农业农村局。

本文件主要起草人：李顺雨、戴蓉、陈祖谣、吴亚维、代振江、梁潇、牟琴、邵宇、牟东岭、潘学军、杨华、王洪亮、谢江、马检、吴超、耿广东、张素杰、周金忠、祖贵东、徐永康、王军堂、赵江、李强、杨荣福、彭邦远、朱琴佳、朱良玉、刘茜、徐俊奎。

贵州苹果 病虫害绿色防控技术规程

1 范围

本文件规定了贵州苹果病虫害绿色防控的术语和定义、防控原则、主要病虫害、防控措施及防治记录。

本文件适用于贵州省境内苹果生产过程中主要病虫害的绿色防控。

2 规范性引用文件

下列文件中的内容通过文中的规范性引用而构成本文件必不可少的条款。其中，注日期的引用文件，仅该日期对应的版本适用于本文件；不注日期的引用文件，其最新版本（包括所有的修改单）适用于本文件。

GB/T 8321 农药合理使用准则

NY/T 393—2020 绿色食品 农药使用准则

NY/T 441—2013 苹果生产技术规程

NY/T 1276—2007 农药安全使用规范 总则

3 术语和定义

下列术语和定义适用于本文件。

3.1 绿色防控 Green prevention and control

以确保农业生产安全、农产品质量安全和农业生态环境安全为目标，以减少化学农药使用为目的，采取农业防治、生物防治、理化诱控和科学用药等环境友好型措施防控病虫害的行为。

4 防控原则

4.1 树立"公共植保、绿色植保"理念，坚持"预防为主，综合防治，统防统治"方针，遵循安全、有效、经济、简便的原则，以农业防治和物理防治为基础，以生物防治为核心，按照病虫害发生的规律，科学合理使用化学防治技术，减少各类病虫害所造成的损失。

4.2　按照《农药管理条例》的规定，使用的药剂应为在国家农药管理部门登记允许在苹果树上防治该病虫的种类，如有调整，按照新的管理规定执行。农药安全使用按照 NY/T 1276—2007 的规定执行。

5　主要病虫害

5.1　主要病害

包括苹果树腐烂病、苹果早期落叶病、苹果轮纹烂果病、苹果炭疽病、苹果白粉病、苹果花腐病、苹果霉心病、苹果根腐类病、苹果缺素症、苹果病毒病等。

5.2　主要虫害

包括桃小食心虫、金纹细蛾、苹果蚜虫类、叶螨类、介壳虫类、蟒象类、卷叶蛾类、金龟子类、食叶毛虫类等。

6　防控措施

6.1　萌芽至现蕾前

刮除腐烂病斑

刮除腐烂病斑及周围 1cm 宽的组织，随后用甲基硫菌灵糊剂或 1.8% 辛菌胺醋酸盐水剂 30 倍液或噻霉酮膏剂涂抹刮除部位。

果园生草

选择与苹果无共同病虫害且能引诱天敌的草种，选用毛叶苕子、白三叶、红三叶、紫花苜蓿等豆科草，以及早熟禾、黑麦草等禾本科草。将果树行间土壤整平耙细，灌水除草，然后人工种草，播种深度不超过 5cm，草长到 30cm 高时刈割，留茬 5～10cm。行内树盘下铺设黑色地布。

6.2　现蕾至套袋前

释放捕食螨

在春季花芽萌动、害螨出蛰期，当每叶害螨数量少于 2 头（含卵）时，于傍晚或阴天释放捕食螨。捕食螨释放后果园内尽量使用对捕食螨安全的农药。

预防霉心病

在苹果现蕾期、花序分离期和落花期，选用多抗霉素或中生菌素进行喷雾。

防治天牛

4月开始全园检查枝干，6～7月期间，成虫发生盛期，进行人工捕捉，同时在树体上喷洒10%吡虫啉2000倍液，7～10天1次，连喷几次。如发现天牛新的排粪孔，用一次性医用注射器往其中注射10%吡虫啉2000倍液，再用泥封严虫孔口。及时清除树下虫粪，数日后发现新虫粪应进行补治。

灯光诱杀金龟子

苹果园内安装杀虫灯于3月中旬至6月中旬进行诱杀。每天晚上开灯、白天关灯，单灯控制半径80m，控制面积3hm²。及时清理高压网上残存的害虫残体及落虫袋内的虫体。

糖醋液诱杀害虫

在白星花金龟、黑绒鳃金龟、梨小食心虫等害虫成虫发生期，用红糖、醋、白酒、水按1∶3∶0.5∶10配成糖醋液，装入小盆中，液面达总容积1/3即可，放置距地面1.5m高树杈背阴面，30～45盆/hm²。每周清理一次盆中虫尸，并补充糖醋液。

性诱剂防治害虫

根据果园害虫发生情况，选择金纹细蛾、梨小食心虫、桃小食心虫等害虫的性诱剂进行雄虫诱杀，三种害虫诱杀时间分别是4月中旬至9月下旬、4月上旬至8月上旬、5月下旬至8月中旬。安放诱捕装置（性诱芯和诱捕器）60～90个/hm²，悬挂在树冠中上层（金纹细蛾性诱装置在中层，梨小食心虫、桃小食心虫性诱装置在上层）背阴处，注意观察，及时更换性诱芯。

人工防治

苹毛丽金龟、黑绒鳃金龟、铜绿丽金龟发生盛期，于早晨或傍晚在苹果树下铺塑料布，然后摇动树枝，迅速将震落的金龟子收集处理。按照NY/T 441—2013要求进行疏花疏果时，人工抹杀介壳虫雌体和蛾类幼虫，摘除白粉病、斑点落叶病等发生危害的枝、梢、叶，带出园外销毁或深埋。

一喷多防

针对白粉病、斑点落叶病、褐斑病、霉心病、轮纹病、炭疽病、黑点病、食心虫、蚜虫、介壳虫、叶螨、卷叶蛾、金纹细蛾等常发病虫害，依据果园病虫发生具体情况和天气变化，选择适宜的杀虫剂和杀菌剂（常用农药参见附录 A，禁止使用的农药见附录 B），全园喷雾防治 2 ~ 3 次。第 1 次用药时间掌握在苹果落花后 7 ~ 10 天或落花后第 1 次降雨之后，以防控黑点病和霉心病为主。最后一次用药时间为苹果套袋前。为保护果面，农药剂型尽量选择水分散粒剂、水剂、悬浮剂等水基化剂型。药剂组合中可加入氨基酸钙、硝酸钙等液肥，预防苦痘病。农药使用按 GB/T 8321、NY/T 1276—2007 规定，绿色食品苹果用药符合 NY/T 393—2020 要求。

6.3　套袋至采收前

果实套袋

果实套袋在喷药后 2 ~ 3 天内，果实表面药液、无露水的情况下进行。

叶部病虫害防治

套袋后，根据天气情况，全园喷布 1 ~ 2 次波尔多液，并根据斑点落叶病、褐斑病、叶螨等病虫害的发生情况，及时从附录 A 选择药剂开展防治。

预防腐烂病

夏季苹果树落皮层形成期，刮除新形成的落皮层后，用 1.8% 辛菌胺醋酸盐水剂 30 倍液或 4.5% 代森铵水剂 50 倍液涂刷主干和大枝。

捆绑诱虫带

8 月上中旬，在果树主干第一分枝下 0 ~ 5cm 处缠绕 1 周诱虫带，诱集山楂叶螨、梨星毛虫、梨小食心虫、苹小卷叶蛾等越冬害虫。次年 1 ~ 2 月解下诱虫带并集中销毁。

6.4 采收至次年萌芽前

果园清洁

结合冬剪，剪除病虫枝梢、病僵果，刮除老粗翘皮、病瘤、病斑，剪锯口、伤口涂抹甲基硫菌灵糊剂、噻霉酮膏剂。清理树盘周围地面上所有枝、叶、果、皮并带出园外，集中销毁。

土肥水管理

秋季果实采收后，进行深翻改土，以有机肥为主施入基肥，落叶后进行树干涂白，日均气温在 3 ～ 5℃时灌封冻水。根据营养诊断确定施肥量，采用微喷灌、滴灌等节水灌溉措施。果园全年土肥水管理按照 NY/T 441 的规定执行。

预防病虫

初冬和早春，为预防白粉病、叶螨和介壳虫等病虫害，全园树体和地面喷布 5°Bé 石硫合剂 1 ～ 2 次，树体达到淋洗状。也可参照附录 A 有针对性地选择 1 ～ 2 种杀菌剂和杀虫剂，以二次稀释法按规定浓度配置好药液，全树喷雾。

7 防治记录

7.1 防治记录

包括农药的名称、来源、用法、用量和使用、停用的日期，病虫草害的发生和防治情况。

7.2 保存年限

病虫害防治记录保存二年以上。

附录 A（资料性附录）

贵州苹果主要病虫绿色防控常用农药

表 A.1　贵州苹果绿色防控常用生物源和矿物源农药

病虫害名称	防治适期	农药名称及剂量	使用方法	最大施药次数
叶螨	发芽期	99% 矿物油乳油 100 ～ 200 倍液	喷雾	1
		50% 硫磺悬浮剂 200 ～ 400 倍液		2
	叶螨点片发生时	0.3% 苦参碱水剂 800 ～ 1000 倍液		2
		1.8% 阿维菌素乳油 4000 ～ 5000 倍液		2
绣线菊蚜	苹果休眠期	99% 矿物油乳油 100 ～ 200 倍液	喷雾	1
金纹细蛾	卵孵化盛期	25% 灭幼脲 3 号悬浮剂 1000 ～ 2000 倍液	喷雾	2
食心虫	卵盛期至卵孵化盛期	8000IU/ 毫克苏云金杆菌悬浮剂 200 倍液	喷雾	2
		3% 阿维菌素微乳剂 3000 ～ 6000 倍液		2
梨花网蝽	越冬成虫出蛰高峰期、卵孵化盛期	2% 阿维菌素乳油 2000 ～ 3000 倍液	喷雾	2
腐烂病、枝干轮纹病	刮皮后	2.12% 腐植酸铜水剂 10 倍液	涂抹	3
斑点落叶病	发病初期	10% 多抗霉素可湿性粉剂 1000 ～ 1500 倍液	喷雾	3
		8% 宁南霉素水剂 2000 ～ 3000 倍液		3
		86.2% 氧化亚铜水分散粒剂 2000 ～ 2500 倍液		4
褐斑病	夏季连阴雨前	80% 波尔多液可湿性粉剂 300 ～ 500 倍液	喷雾	3
		80% 乙蒜素乳油 800 ～ 1000 倍液		2
白粉病	发病初期	50% 硫磺悬浮剂 200 ～ 400 倍液	喷雾	3
		200 亿 CFU/g 枯草芽孢杆菌可湿性粉剂 0.6 ～ 0.75g/km²		3
		4% 嘧啶核苷类抗菌素水剂 400 倍液		4
果实病害（轮纹病、霉心病、炭疽病、斑点病等）	花期、幼果期、套袋前	13% 井冈霉素水剂 1000 ～ 1500 倍液	喷雾	3
		10% 多抗霉素可湿性粉剂 1000 ～ 1500 倍液		—
		80% 波尔多液可湿性粉剂 300 ～ 500 倍液		3
		3% 中生菌素可湿性粉剂 800 ～ 1000 倍液		3

注：生物源药剂不宜与碱性农药混合使用，矿物源药剂须单独使用

表 A.2 贵州苹果绿色防控常用化学农药

病虫害名称	防治适期	农药名称及剂量	使用方法	最大施药次数
果树叶螨	卵孵化盛期或点片发生时	5% 噻螨酮乳油 1200 ～ 1500 倍液	喷雾	2
		15% 哒螨灵乳油 2000 ～ 3000 倍液		2
		24% 螺螨酯悬浮剂 4000 ～ 5000 倍液		2
蚜虫	苹果生长期	22% 氟啶虫胺腈悬浮剂 10000 ～ 15000 倍液	喷雾	2
		21% 噻虫嗪悬浮剂 4000 ～ 7000 倍液		2
		5% 吡虫啉可溶液剂 1500 ～ 2500 倍液		2
		20% 啶虫脒可湿性粉剂 6000 ～ 8000 倍液		2
卷叶蛾	卵孵化盛期至 2 龄幼虫期	20% 虫酰肼悬浮剂 2000 ～ 2500 倍液	喷雾	2
		24% 甲氧虫酰肼悬浮剂 3000 ～ 5000 倍液		2
		20% 甲维·除虫脲悬浮剂 2000 ～ 3000 倍液		2
食心虫	卵盛期至卵孵化盛期	2.5% 高效氟氯氰菊酯水乳剂 2000 ～ 3000 倍液	喷雾	2
		35% 氯虫苯甲酰胺水分散粒剂 7000 ～ 10000 倍液		1
梨花网蝽	出蛰高峰期、卵孵化盛期	5% 高效氟氯氰菊酯水乳剂 2000 ～ 3000 倍液	喷雾	2
腐烂病、枝干轮纹病	刮皮后	3% 甲基硫菌灵糊剂	涂抹	2
		1.8% 辛菌胺醋酸盐水剂 30 倍液		3
		45% 代森铵水剂 50 倍液		3
		1.6% 噻霉酮膏剂		2
斑点落叶病	发病初期	80% 代森锰锌可湿性粉剂 500 ～ 800 倍液	喷雾	3
		10% 苯醚甲环唑水分散粒剂 1500 ～ 3000 倍液		2
		43% 戊唑醇悬浮剂 5000 ～ 7000 倍液		3
		80% 丙森锌水分散粒剂 600 ～ 800 倍液		2
		40% 醚菌酯悬浮剂 2500 ～ 3000 倍液		3
		40% 双胍三辛烷基苯磺酸盐可湿性粉剂 800 ～ 1000 倍液		3
褐斑病	发病初期	10% 苯醚甲环唑水乳剂 1500 ～ 2000 倍液	喷雾	4
		25% 丙环唑水乳剂 1500 ～ 2500 倍液		4
		50% 异菌脲可湿性粉剂 1000 ～ 1200 倍液		3
		50% 氟啶胺悬浮剂 2000 ～ 3000 倍液		2
		50% 肟菌酯水分散粒剂 7000 ～ 8000 倍液		3
		30% 吡唑醚菌酯水乳剂 5000 ～ 6000 倍液		3

病虫害名称	防治适期	农药名称及剂量	使用方法	最大施药次数
白粉病	发病初期	40%腈菌唑可湿性粉剂6000～8000倍液	喷雾	3
		5%已唑醇悬浮剂1000～1500倍液		3
果实病害（轮纹病、炭疽病、霉心病、斑点病等）	花期、幼果期、套袋前	80%代森锰锌可湿性粉剂500～800倍液	喷雾	3
		10%苯醚甲环唑水乳剂1500～2000倍液		3
		20%氟硅唑可湿性粉剂2000～3000倍液		3
		50%二氰蒽醌悬浮剂500～800倍液		3

附　录　B（规范性附录）

贵州苹果生产过程中禁止使用的农药

表B.1　贵州苹果生产过程中禁止使用的农药

种类	药品名称	禁用原因
无机砷杀虫剂	砷酸钙、砷酸铝	高毒
有机砷杀菌剂	甲基胂酸锌、甲基胂酸铁铵（田安）、福美甲胂、福美胂	高残毒
有机锡杀菌剂	薯瘟锡（三苯基醋酸锡）、三苯基氯化锡、毒菌锡	高残毒
有机汞杀菌剂	氯化乙基汞（西力生）、醋酸苯汞（赛力散）	剧毒、高残毒
氟制剂	氟化钙、氟化钠、氟乙酸钠、氟氯酸钠、氟硅酸钠	剧毒、高毒
氰制剂	氰化物类	剧毒
有机氯杀虫剂	滴滴涕、六六六、林丹、艾氏剂、狄氏剂、氯丹、硫丹、氯化苦	高残毒
有机氯杀螨剂	三氯杀螨醇	高毒、高残毒
卤代烷类熏蒸杀虫剂	二溴乙酸、二溴氯丙烷	致癌、致畸
无机磷类	磷化物类	高毒
有机磷杀虫剂	甲拌磷（3911）、乙拌磷、对硫磷（1605）、久效磷、甲基对硫磷、甲胺磷、甲基异柳磷、氧化乐果、内吸磷、磷胺、甲基硫环磷、治螟磷、灭线磷、硫环磷、蝇毒磷、地虫硫磷、氯唑磷、苯线磷、异丙磷、三硫磷、特丁硫磷、水胺硫磷、毒死蜱	高毒
有机磷杀菌剂	稻瘟净、异稻瘟净（异嗅米）	高毒
氨基甲酸酯杀虫剂	克百威（呋喃丹）、涕灭威、灭多威、丁硫克百威	高毒
二甲基甲脒类杀虫螨剂	杀虫脒	致癌、致畸

T/GGI

团体标准

T/GGI 064—2020

贵州苹果　采摘技术规范

Guizhou Apple—Harvesting Code of Practice

2020 - 11 - 20 发布　　　　　　　　　　2020 - 12 - 20 实施

贵州省地理标志研究会　发布

前 言

《贵州苹果》团体标准体系分为如下 5 个部分：

—— 第 1 部分 栽培技术规程

—— 第 2 部分 病虫害绿色防控技术规程

—— 第 3 部分 采摘技术规范

—— 第 4 部分 贮运技术规范

—— 第 5 部分 质量等级

本部分为《贵州苹果》团体标准体系的第 3 部分。

本文件按照 GB/T 1.1—2020《标准化工作导则 第 1 部分：标准的结构和编写》给出的规则起草。

请注意：本文件的某些内容可能涉及专利，本文件的发布机构不承担识别这些专利的责任。

本文件由威宁自治县果蔬产业发展中心提出。

本文件由贵州省地理标志研究会归口。

本文件起草单位：威宁自治县果业发展中心、威宁自治县农业农村局、贵州省果树科学研究所、贵州省果树蔬菜工作站、贵州省地理标志研究会、贵州大学、威宁自治县市场监督管理局、毕节市植保植检站、毕节市经济作物工作站、威宁超越农业有限公司、威宁县乌蒙绿色产业有限公司、贵州省农业农村厅农业科教发展中心、生态环境部南京环境科学研究所、贵州省绿色食品发展中心、长顺县农业农村局、兴义市农业农村局、赫章县农业农村局、盘州市农业农村局。

本文件主要起草人：李顺雨、戴蓉、潘学军、吴超、代振江、梁潇、牟琴、张素杰、马检、王军堂、杨华、吴亚维、邵宇、陈祖谣、耿广东、王洪亮、谢江、牟东岭、周金忠、祖贵东、徐永康、赵江、李强、杨荣福、彭邦远、朱琴佳、朱良玉、刘茜、徐俊奎。

贵州苹果 采摘技术规范

1 范围

本文件规定了贵州苹果的术语和定义、采收成熟度指标、成熟度与贮藏、采收、分级、检验方法及检验规则等。

本文件适用于贵州省境内鲜食苹果的采摘。

2 规范性引用文件

下列文件中的内容通过文中的规范性引用而构成本文件必不可少的条款。其中，注日期的引用文件，仅该日期对应的版本适用于本文件；不注日期的引用文件，其最新版本（包括所有的修改单）适用于本文件。

GB/T 8559—2008 苹果冷藏技术

GB/T 10651—2008 鲜苹果

NY/T 1086—2006 苹果采摘技术规范

NY/T 1841—2010 苹果中可溶性固形物、可滴定酸无损伤快速测定近红外光谱法

3 术语和定义

GB/T l0651—2008 界定的及下列术语和定义适用于本文件。

3.1 果实生长发育期 fruit growth and development period

在正常气候与栽培条件下，从盛花期至果实达到采收成熟度需要的天数。

3.2 成熟 maturation

果实已完成生长发育阶段，体现出该品种固有的外观特征和内在品质。

3.3　采收成熟度 harvesting maturity

果实外观表现出该品种特征，但质地、风味、香气等尚未达到最佳可食品质。

3.4　食用成熟度 edible maturity

果实经过后熟过程，表现出该品种应有的质地、风味和香气，达到最佳可食成熟度。

4　采收成熟度指标

4.1　确定指标

对于任何一种果实成熟度的确定指标均有一定的局限性，同一品种在不同产地或不同年份，果实适宜采收的时间可能不同，因此确定某一品种的适宜采收期，不可单凭一项指标，应将下列各项成熟度指标综合考虑，确定果实的成熟度。

　　a）果实生长发育期；

　　b）易于采摘；

　　c）果皮底色及色泽；

　　d）种皮颜色；

　　e）果实硬度；

　　f）淀粉指数；

　　g）可溶性固形物。

4.2　确定方法

果实生长发育期

以盛花后果实发育的天数作为成熟指标。各产地可根据多年的经验得出当地各苹果品种的平均发育天数。不同苹果品种平均生育天数见附录 A.1。

易于采摘

果实成熟时，果柄基部与果台之间形成离层，果实容易采摘。大部分品种的果实通过轻轻转动或上托，果实可以很容易地从果台枝上分离。

果皮底色及色泽

果实成熟时，果实呈现出本品种特有的底色，底色分为深绿色、绿色、浅绿色、黄绿、绿黄。当果实的底色由绿转黄时，说明果实已经充分成熟。不同品种的果实在成熟时有固有的色泽，可以通过色泽判断果实的发育程度。果皮底色及色泽可借助标准比色卡、色度仪或感官来判断。

种皮颜色

果实进入成熟阶段后，种皮颜色由乳白色逐渐变成黄褐色，果实充分成熟时，种皮的颜色变成棕色或褐色。种皮的颜色可分为：白色、种子的尖端开始变褐、种子的 1/4 变成褐色、种子的 1/2 变成褐色、种子的 3/4 变成褐色、全部变成褐色。

果实硬度

果实硬度随果实成熟而逐渐降低。果实硬度的测定方法按照 GB/T 8559—2008 和 GB/T 10651—2008 的规定进行。每次测定随机取 10 ~ 20 个果实，取其平均值。不同苹果品种采摘时推荐硬度参见附录表 A.2。

淀粉指数

适合采用淀粉碘染色法确定采收成熟度的主要品种有红元帅、金冠等。淀粉指数的测定按照 NY/T 1086—2006 规定进行。不同品种采摘时推荐淀粉指数按照 9 级分级参见附录表 A.3。

可溶性固形物

苹果中可溶性固形物的多少也可作为衡量果实成熟度的参考指标。适商业性采收的可溶性固形物指标取决于品种。果实可溶性固形物的测定按照 NY/T 1841—2010 的规定执行。不同品种采摘时推荐可溶性固形物参见含量附录表 A.4。

4.3　取样方法

确定果实成熟度的取样，一般在预计采收期的前 5 周开始，每周至少取样 1 次。在同个小区，同一个品种随机选取 5 株树，在每株树冠中部四周的位置上取 4 ~ 5 个果实。果实采摘后，应立即对果实进行分析测定。

5　成熟度与贮藏

5.1　成熟度指标

具体采收时间应根据品种、产地和果实生长发育期的气候条件，经试验后确定。成熟度指标可根据具体的品种而定。

5.2　贮藏

需要长期贮藏（包括气调贮藏）的果实，采收时果实的成熟度不能太高，要适当早采。如果该品种果实的淀粉指数分为10级，一般当果实的淀粉指数为6左右时，采后适合长期贮藏。采后即上市鲜销的果实，可适当晚采。中短期贮藏的果实，采收时果实的成熟度介于长期贮藏与鲜销的要求之间。

6　采收

6.1　采收时间

避免雨天和雨后采收，晴天时，避开高温（应在28℃以下）和有露水的时间采收，尽量减少果实携带的田间热，降低果实呼吸强度。早中熟品种（嘎拉，金冠等）采收宜在7～10d内完成，晚熟品种（富士）采收宜在15d内完成。

6.2　采前准备

采收人员要求

人工采摘要求采前剪指甲或戴手套。穿戴合适的衣服、帽子，配置合适的采摘袋，整个采收过程应做到轻拿轻放，以免造成果实的碰压损伤。

采收工具准备

采收前要准备采收袋、采果梯、机械采收平台、周转箱、分级板及运输工具（小型拖拉机），采果袋大小要合适。在使用梯子前，应仔细检查是否安全可靠。梯子摆放的角度应合适，确保牢靠，使用时确保人体的重心在梯子上。

6.3　采收方法

采用上托果梗的方法采摘果实。轻轻转动或上托，果实可以很容易地从果台枝上分离。部分果皮较薄、容易发生刺伤的品种，采后应将果梗适当剪短，使果梗低于果肩。用于长期贮藏或长途运输的苹果应根据成熟度分批采收。成熟期不一致的品种也应分批采收。分批采收宜从适宜采收初期开始，分 2 ~ 3 批完成。第一批先采外围着色好的果实；第一批采收后 3 ~ 5d 进行，一次采完。分批采收有利于提高果实品质均匀度、果品质量和产量。

6.4 采收注意事项

采摘时要做到轻拿轻放，避免机械损伤，如出现磕碰伤果时，要与好果分开。采收的顺序是由下至上，先外后内。把果袋中的苹果放入果箱时，注意轻拿轻放。苹果最大装箱深度为 60cm。果箱要有足够的机械强度，具有一定的通透性，要清洁、无污染、无异味。苹果装箱时应果梗朝下，排平放实。

7 分级

在把果实放入盛果箱时，剔除磕碰、刺伤果；并按表1规定对果实进行分级。

表 1 贵州苹果外观等级规格指标

项目		特级	一级	二级
基本要求		充分发育，成熟，果实完整良好，新鲜洁净，无异味、不正常外来水分、刺伤、虫果及病害，果梗完整		
色泽		具有本品种成熟时应有的色泽，苹果主要品种的具体规定见表2		
单果重（g）		苹果主要品种的单果重等级要求见表3		
果形		端正	比较端正	可有缺陷，但不得有畸形果
果梗		完整	允许轻微损伤	允许损伤，但仍有果梗
果锈	褐色片锈	不得超出梗洼和萼洼，不粗糙	可轻微超出梗洼和萼洼，表面不粗糙	不得超过果肩，表面轻度粗糙
	网状薄层	不得超过果面的2%	不得超过果面的10%	不得超过果面的20%
	重锈斑	无	不得超过果面的2%	不得超过果面的10%

项目		特级	一级	二级
果面缺陷	刺伤	无	无	允许干枯刺伤，面积不超过 0.03cm²
	碰压伤	无	无	允许轻微碰压伤，面积不超过 0.5cm²
	磨伤	允许轻微磨伤，面积不超过 0.5cm²	允许不变黑磨伤，面积不超过 1.0cm²	允许不影响外观的磨伤，面积不超过 2.0cm²
	水锈	允许轻微薄层，面积不超过 0.5cm²	允许轻微薄层，面积不超过 1.0cm²	面积不得超过 2.0cm²
	日灼	无	无	允许轻微日灼，面积不超过 1.0cm²
	药害	无	允许轻微药害，面积不超过 0.5cm²	允许轻微药害，面积不超过 1.0cm²
	雹伤	无	无	允许轻微雹伤，面积不超过 0.8cm²
	裂果	无	无	可有 1 处短于 0.5cm 的风干裂口
	虫伤	无	允许干枯虫伤，面积不超过 0.3cm²	允许干枯虫伤，面积不超过 0.6cm²
	痂	无	面积不得超过 0.3cm²	面积不得超过 0.6cm²
	小疵点	无	不得超过 5 个	不得超过 10 个

1）只有果锈为其固有特征的品种才能有果锈缺陷

2）果面缺陷，特等不超过 1 项，一等不超过 2 项，二等不超过 3 项

表 2　贵州苹果主要品种色泽等级要求

品种	特有色泽	最低色泽百分比 / %		
		特级	一级	二级
黔选系	深红	70	60	45
富士系	红 / 条红	70	60	45
嘎啦系	红色	70	60	45
金冠系	绿黄	绿黄，允许淡绿色，但不允许绿色		
华硕	鲜红	70	55	28
元帅系	浓红或紫红	70	55	28

注：1. 本表中未涉及的品种，可比照表中同类品种参照执行

　　2. 提早采摘和用于长期贮藏的金冠系品种允许淡绿色，但不允许深绿色

表 3　贵州苹果主要品种单果重等级要求

品种	特级（g）	一级（g）	二级（g）
黔选系	≥ 190	≥ 170	≥ 140
富士系	≥ 200	≥ 180	≥ 160
嘎啦系	≥ 180	≥ 150	≥ 120
金冠系	≥ 200	≥ 180	≥ 160
华硕	≥ 200	≥ 180	≥ 160
元帅系	≥ 240	≥ 220	≥ 200

8　检验方法

8.1　单果重

用小台秤（感量为 2g）测定。

8.2　色泽

目测或用量具测量确定，测量方法参照 GB/T 10651—2008。

8.3　病虫害症状

或外观尚未发现变异而对果实内部有怀疑者，都应捡取样果用小刀进行切剖检验，如发现内部有病变时，可扩大检果切剖数量，进行严格检查。

9　检验规则

9.1　容许度

各等级容许度允许的串级果，只能是邻级果。二级不允许明显腐烂、严重碰压伤、重度裂口未愈合的果实包括在容许度内。容许度的测定以全部抽检包装件的平均数计算。容许度规定允许的果梗受损果其果梗损伤不得伤及果皮。容许度规定的百分率一般以重量为基准计算，如包装上标有果个数，则应以果个数为基准计算。

9.2　验收容许度

a）特级　可有不超过 2% 的一级果。另外，允许有不超过 2% 的果实果梗轻微受损。

　　b）一级　可有不超过 5% 的果实不符合本等级规定的品质要求，其中串级果不超过 3%，损伤果不超过 1%，虫果不超过 1%。另外，允许有不超过 5% 的果实无果梗。

　　c）二级　可有不超过 8% 的果实不符合本等级规定的品质要求，其中串级果不超过 4%，损伤果不超过 2%，虫果不超过 2%。另外，允许有不超过 10% 的果实无果梗。本等级容许度范围内的果实，其正常外观不得受到影响，并具有适合食用的品质。

　　d）各等级不符合单果重规定范围的果实不得超过 5%。

　　整批货物不得有过于显著的果实大小差异。经贮藏的苹果，各等级均允许有不超过 5% 的不影响外观和食用的生理性病害果，且不计入果面缺陷的规定限额。在整批苹果满足该等级规定容许度的前提下，单个包装件的容许度不得超过规定容许度的 1.5 倍。

附录 A（资料性附录）

不同苹果品种成熟度指标

　　生育期天数见表 A.1，采摘时硬度推荐指标见表 A.2，淀粉指数见表 A.3，推荐可溶性固形物含量见表 A.4。

表 A.1　不同苹果品种的生长发育期天数

品种	果实发育期（d）
黔选系	145~150
富士系	170~180
嘎啦系	120~130
金冠系	140~145
华硕	140~145
元帅系	125~135

表 A.2 不同苹果品种采摘时硬度推荐指标

品种	果实硬度（kg/cm^2）≥
黔选系	6.8
富士系	7
嘎拉系	6.5
金冠系	7
华硕	6.5
元帅系	6.8

表 A.3 不同苹果品种采摘时淀粉推荐指数

品种	淀粉指数
黔选系	6.0~7.0
富士系	7.0 ～ 8.0
嘎啦系	4.0 ～ 4.5
金冠系	4.0 ～ 5.0
华硕	4.0~5.0
元帅系	4.0 ～ 4.5

表 A.4 不同苹果品种采摘时的推荐可溶性固形物含量

品种	可溶性固形物（%）≥
黔选系	12.0
富士系	14.0
嘎啦系	12.5
金冠系	13.0
华硕	12.5
元帅系	11.0

T/GGI

团体标准

T/GGI 065—2020

贵州苹果　贮运技术规范

Guizhou Apple—Code of practice for Storage and Transportation

2020－11－20发布　　　　　　　　　　2020－12－20实施

贵州省地理标志研究会　发布

前 言

《贵州苹果》团体标准体系分为如下 5 个部分：

—— 第 1 部分　栽培技术规程

—— 第 2 部分　病虫害绿色防控技术规程

—— 第 3 部分　采摘技术规范

—— 第 4 部分　贮运技术规范

—— 第 5 部分　质量等级

本部分为《贵州苹果》团体标准体系的第 4 部分。

本文件按照 GB/T 1.1—2020《标准化工作导则 第 1 部分：标准的结构和编写》给出的规则起草。

请注意：本文件的某些内容可能涉及专利，本文件的发布机构不承担识别这些专利的责任。

本文件由威宁自治县果业发展中心提出。

本文件由贵州省地理标志研究会归口。

本文件起草单位：威宁自治县果业发展中心、威宁自治县农业农村局、贵州省果树科学研究所、贵州省果树蔬菜工作站、贵州省地理标志研究会、贵州大学、威宁自治县市场监督管理局、毕节市植保植检站、毕节市经济作物工作站、威宁超越农业有限公司、威宁县乌蒙绿色产业有限公司、贵州省农业农村厅农业科教发展中心、贵州省绿色食品发展中心、长顺县农业农村局、兴义市农业农村局、赫章县农业农村局、盘州市农业农村局。

本文件主要起草人：李顺雨、邵宇、马检、张素杰、代振江、梁潇、牟琴、吴超、王军堂、杨华、吴亚维、潘学军、王洪亮、陈祖谣、耿广东、谢江、牟东岭、周金忠、祖贵东、徐永康、赵江、李强、杨荣福、彭邦远、朱琴佳、朱良玉、刘茜、徐俊奎。

贵州苹果　贮运技术规范

1　范围

本文件规定了贵州苹果的术语和定义、入库、贮藏条件、贮藏方式、贮藏期限和出库指标、出库管理、运输。

本文件适用于贵州省境内苹果的贮藏及运输。

2　规范性引用文件

下列文件中的内容通过文中的规范性引用而构成本文件必不可少的条款。其中，注日期的引用文件，仅该日期对应的版本适用于本文件；不注日期的引用文件，其最新版本（包括所有的修改单）适用于本文件。

GB/T 8559—2008 苹果冷藏技术

GB/T 10651—2008 鲜苹果

GB/T 12456—2008 食品中总酸的测定

GB/T 13607—1992 苹果、柑桔包装

NY/T 1841—2010 苹果中可溶性固形物、可滴定酸无损伤快速测定 近红外光谱法

NY/T 2009—2011 水果硬度的测定

SB/T 10064—1992 苹果销售质量标准

SBJ 16—2009 气调冷藏库设计规范

3　术语和定义

下列术语和定义适用于本文件。

3.1　冷藏库 cold storage

用于在低温条件下保藏货物的建筑群，包括库房、氮压缩机房、变配电室及其附属建筑物。

3.2 气调冷藏库（气调库）controlled atmosphere cold storage（CA cold storage）

采用人工调控气体成分和温、湿度的保鲜货物的建筑群。

3.3 通风库 ventilation library

利用良好的隔热保温材料和有较好通风设备建设的永久性的贮藏库。

4 入库

4.1 质量要求

基本要求

果实应具有品种固有的果型、硬度、色泽、风味等特征。果实要完好、洁净，无机械伤、无病虫害和外来水分。用于长期贮藏（气调库贮藏）的果实的外观质量应达到该标准体系《采摘技术规范》中规定的"特级"或"一级"标准。

理化指标

入库前果实的理化指标应满足表 1 的规定

表 1 贵州苹果入库前理化指标

品种	硬度 / kg/cm²	可溶性固形物 / %	总酸 / %
黔选系	≥ 6.5	≥ 12.5	≤ 0.40
富士系	≥ 7.2	≥ 14.0	≤ 0.40
嘎啦系	≥ 6.5	≥ 12.5	≤ 0.35
金冠系	≥ 7.0	≥ 13.5	≤ 0.60
华硕	≥ 7.0	≥ 12.5	≤ 0.35
元帅系	≥ 6.5	≥ 11.0	≤ 0.40
检测方法	NY/T 2009	NY/T 1841	GB/T 12456
注：贮藏结束时果实应具有固有的风味和质量			

卫生指标

果实的卫生指标应符合 GB/T 10651—2008 的规定，应保持新鲜洁净，去除伤病果。

4.2 入库前处理

果实采收后按该标准体系《采摘技术规范》要求进行分级。

果实采收后迅速预冷降温，及时入库，苹果采收后应在24h内入库。

4.3 入库及堆码

库房准备

入贮前按GB/T 8559—2008要求对库房及包装材料进行灭菌消毒处理，然后及时通风换气。库房温度应预先1～3d降至−1～0℃，使库体充分蓄冷。对于气调库贮藏，还应检查库体的气密性。

入库方式

经过预冷的苹果可成批或一次性入库；未经预冷的苹果需分批次入库，入库量应小于库容量的20%。

堆码方式

堆码方式应保证库内空气正常流通。不同品种、等级、产地的苹果应分别堆放。贮藏密度不超过250kg/m³；大塑料箱或大木箱堆码贮藏密度可增加10%～20%。垛位不宜过大，垛高视箱强度而定，箱与墙之间保留间距10～20cm，箱与箱之间保留间距1～5cm，入贮后应及时填写货位标签和平面货位图。货位堆码按GB/T 8559—2008的规定执行。

5 贮藏条件

5.1 温度

温度选择

主要苹果品种贮藏适宜条件见表2，入满库后12d之内达到适宜贮藏温度，温差±0.5℃，在果实出库前7～10d应逐步升温或隔热保温长途运输。

表2 主要苹果品种贮藏适宜条件

品种	推荐温度／℃	预期贮藏期限／月
黔选系	0～1	5～7
富士系	−1～1	5～7
嘎啦系	0	4～5

品种	推荐温度 / ℃	预期贮藏期限 / 月
金冠系	−1 ~ 0	5
华硕	0 ~ 1	6
元帅系	0 ~ 1	6

温度测定

定时测定库房温度，测温点的选择要具有代表性，测温点的多少与分布根据库容大小而定。其中探头应用来监控库内自由循环的空气温度，对于吊顶式冷风机，探头应安装在从货物到冷风机回风入口处的空间内。

5.2 相对湿度

苹果贮藏的适宜相对湿度为 90% ~ 98%，相对湿度测点的选择与测温点一致。

5.3 空气流通

垛间和包装之间应留有空隙，保证空气流通，最大限度使库房内冷空气流动分布均匀。

贮藏环境乙稀浓度应控制在 10 μL/L 以下。入贮初期 1 周通风换气 1 次，后期 2 周 1 次。

6 贮藏方式

6.1 冷库贮藏

苹果采后应尽快入库预冷、贮藏，满库后 12d 内降至适宜贮藏温度。裸果贮藏，库内相对湿度应达到 95% ~ 98%；塑料薄膜小包装或大帐贮藏的库内相对湿度在 80% ~ 90%。主要苹果品种的冷库贮藏最适条件见表 3。

表 3 主要苹果品种的冷库贮藏最适条件

品种	温度 / ℃	相对湿度 / %
黔选系	0 ~ 1	85 ~ 90
富士系	−1 ~ 0	93 ~ 98
嘎啦系	0 ~ 1	85 ~ 90
金冠系	−1 ~ 0	85 ~ 90
华硕	0 ~ 0.5	85 ~ 90
元帅系	−1 ~ 0	85 ~ 90

6.2　气调库贮藏（CA）

气调库贮藏适用于贮藏期 6 个月以上或冷害敏感的苹果，主要苹果品种的气调贮藏最适条件和贮藏期见表 4。

表 4　主要苹果品种的气调贮藏最适条件和贮藏期

品种	推荐温度 / ℃	推荐气体组合比		预期贮藏期限 / 月
		CO_2，%	O_2，%	
黔选系	0 ~ 1	1.5 ~ 2.5	1.5 ~ 2.0	8 ~ 10
富士系	−1 ~ 0	2	5	9 ~ 12
嘎啦系	0 ~ 1	1.5 ~ 2.5	1.5 ~ 2.0	5 ~ 8
金冠系	−1 ~ 0	1 ~ 2.5	1.5 ~ 2	8
华硕	0 ~ 1	2 ~ 5	2 ~ 3	7 ~ 9
元帅系	−1 ~ 0	1 ~ 2.5	1.5 ~ 2	7 ~ 9

6.3　通风库

利用风道对流或强制通风降温，其中强制通风量为单位时间内库内容积的 15 ~ 20 倍。库内果实采取小包装或大帐自发气调贮藏，并防止二氧化碳伤害和鼠害。

7　贮藏期限和出库指标

贮藏时间应以不影响苹果销售质量为宜，符合 SB/T 10064—1992 的要求，定期抽样检查。苹果出库时要求好果率 ≥ 95%，失重率 ≤ 5%，硬度指标符合表 5 的规定。

表 5　出库苹果最低硬度推荐指标

品种	硬度 / kg/cm^2
黔选系	5.5
富士系	6.5
嘎啦系	6.0
金冠系	6.0
华硕	5.5
元帅系	5.5

8 出库管理

8.1 气调贮藏苹果出库前，必须先解除气调状态，打开门，开动风机对流通风 1 ~ 2h，使氧气浓度达到 21%，应符合 SBJ 16 规范。

8.2 苹果出库前要逐步升温，升温速度以每次高于果温 2 ~ 4℃为宜，当果温升到低于外界环境温度 4 ~ 5℃时即可出库。

8.3 出库后，果实应轻搬、轻放、轻拿，避免果实机械伤害。

9 运输

9.1 运输要求

防振减振

在采收以后和出库后的运输过程中，均应轻装轻卸，适量装载，行车平稳，快装快运，运输中应尽量减少振动。

预冷

采收以后不经过贮藏直接长途运输的果实，当果实温度大于 15℃时，应预冷后再装车运输。

温度

运输过程中应保证适当的低温，以 3 ~ 10℃为宜。

湿度

运输时间短，可不采取保湿措施，长途或远洋运输时果实需采取保湿措施，以 90% ~ 95%为宜。

气体成分

长途或远洋运输应采用通风的办法防止有害气体累积造成果实伤害。

运输包装及要求

包装容器应符合 GB/T 13607—1992 的规定。特级果和一级果必须层装，实行单果包装，用柔韧、干净、无异味的包装材料逐个包紧包严；二级果层装和散装均可。层装苹果装箱时应果梗朝下，排平放实，箱子要捆实扎紧，防止苹果在容器中晃动。包装内不得有枝、叶等异物。封箱后要在箱面上注明产地、重量等级、品种及包装时间。果实出库装箱后，重量、质量、等级、个数、排列、包装等指标检验合格者可封箱成件。

运输堆码

冷藏运输时，应保持车内温度均匀，每件货物均可接触到冷空气。保温运输时，应确保货堆中部及四周的温度适中，防止货堆中部积热和四周产生冻害。堆码时，货物不应直接接触车的底板和壁板，货件与车底板及壁板之间须留有间隙。对于低温敏感品种，货件不能紧靠机械冷藏车的出风口或加冰冷藏车的冰箱挡板。

9.2　运输工具与运输方式

长途运输和大规模运输宜采用冷藏集装箱或气调集装箱。短途运输可采取普通货车运输。装运苹果的车、船应清洁、干燥、无毒、便于通风，不与有毒、有害物质混装混运。

T/GGI

团体标准

T/GGI 066—2020

贵州苹果　质量等级

Guizhou Apple—Quality level

- · 前言
- · 范围
- · 规范性引用文件
- · 术语和定义
- · 果实品质
- · 试验方法
- · 检验规则
- · 包装、标志

2020－11－20发布　　　　　　　　　　　　2020－12－20实施

贵州省地理标志研究会　发布

前　言

《贵州苹果》团体标准体系分为如下 5 个部分：

——第 1 部分　栽培技术规程

——第 2 部分　病虫害绿色防控技术规程

——第 3 部分　采摘技术规范

——第 4 部分　贮运技术规范

——第 5 部分　质量等级

本部分为《贵州苹果》团体标准体系的第 5 部分。

本文件按照 GB/T 1.1—2020《标准化工作导则 第 1 部分：标准的结构和编写》给出的规则起草。

请注意：本文件的某些内容可能涉及专利，本文件的发布机构不承担识别这些专利的责任。

本文件由威宁自治县果蔬产业发展中心提出。

本文件由贵州省地理标志研究会归口。

本文件起草单位：威宁自治县果业发展中心、威宁自治县农业农村局、贵州省果树科学研究所、贵州省果树蔬菜工作站、贵州省地理标志研究会、贵州大学、威宁自治县市场监督管理局、毕节市植保植检站、毕节市经济作物工作站、威宁超越农业有限公司、威宁县乌蒙绿色产业有限公司、贵州省农业农村厅农业科教发展中心、贵州省绿色食品发展中心、长顺县农业农村局、兴义市农业农村局、赫章县农业农村局、盘州市农业农村局。

本文件主要起草人：李顺雨、吴亚维、邵宇、潘学军、代振江、梁潇、牟琴、谢江、杨华、王军堂、王洪亮、陈祖谣、牟东岭、周金忠、马检、吴超、张素杰、耿广东、祖贵东、徐永康、赵江、李强、杨荣福、彭邦远、朱琴佳、朱良玉、刘茜、徐俊奎。

贵州苹果　质量等级

1　范围

本文件规定了贵州苹果的术语和定义、果实品质、试验方法、检验规则及包装、标志。

本文件适用于贵州省境内生产的黔选系、富士系、嘎啦系、金冠系、华硕、元帅系等苹果。

2　规范性引用文件

下列文件中的内容通过文中的规范性引用而构成本文件必不可少的条款。其中，注日期的引用文件，仅该日期对应的版本适用于本文件；不注日期的引用文件，其最新版本（包括所有的修改单）适用于本文件。

GB/T 191—2008 包装储运图示标志

GB 2762—2017 食品安全国家标准 食品中污染物限量

GB 2763—2019 食品安全国家标准 食品中农药最大残留限量

GB/T 5009.38—2003 蔬菜、水果卫生标准的分析方法

GB 7718—2011 食品安全国家标准 预包装食品标签通则

GB/T 10651—2008 鲜苹果

GB/T 12456—2008 食品中总酸的测定

GB/T 13607—1992 苹果、柑桔包装

NY/T 1778—2009 新鲜水果包装标识 通则

NY/T 1841—2010 苹果中可溶性固形物、可滴定酸无损伤快速测定 近红外光谱法

NY/T 2009—2011 水果硬度的测定

NY/T 5344.4—2006 无公害食品产品抽样规范 第4部分：水果

3 术语和定义

GB/T l0651—2008 界定的及下列术语和定义适用于本文件。

3.1 贵州苹果 Guizhou Apple

在贵州省境内，按照本标准体系中规定的栽培技术规程生产并达到本文件要求的苹果。

4 果实品质

4.1 果实大小等级要求

应符合表 1 要求。

表 1 果实大小等级规格指标

果型	特级	一级	二级
大型果	≥ 80	≥ 75	≥ 70
小型果	≥ 70	≥ 65	≥ 60

注：数值指果实的横切面最大直径，单位为 mm。其他指标应符合 GB/T 10651 的规定

4.2 果实表面颜色指标

应符合表 2 要求。

表 2 果实表面颜色指标

品种	特级	一级	二级
黔选系	深红 75% 以上	深红 65% 以上	深红 50% 以上
富士系	红或条红 75% 以上	红或条红 65% 以上	红或条红 50% 以上
嘎啦系	红 75% 以上	红 65% 以上	红 50% 以上
金冠系	绿黄，允许淡绿色，但不允许深绿色		
华硕	鲜红 70% 以上	鲜红 50% 以上	鲜红 30% 以上
元帅系	鲜红 70% 以上	鲜红 50% 以上	鲜红 30% 以上

4.3 果实质量理化要求

应符合表 3 要求。

表 3　果实质量理化指标

品种	单果重／g	可溶性固形物／%	总酸／%	硬度／（kg/cm²）
黔选系	≥ 140	≥ 12.5	≤ 0.40	≥ 5.5
富士系	≥ 160	≥ 14.0	≤ 0.40	≥ 6.5
嘎啦系	≥ 120	≥ 12.5	≤ 0.35	≥ 6.0
金冠系	≥ 160	≥ 13.5	≤ 0.60	≥ 6.0
华硕	≥ 160	≥ 12.5	≤ 0.35	≥ 5.5
元帅系	≥ 200	≥ 11.0	≤ 0.40	≥ 5.5

4.4　卫生指标

按 GB 2762、GB 2763 水果类规定指标执行。

5　试验方法

5.1　果实大小

果实横径用标准分级果板测量确定。

5.2　果实表面颜色

果实表面颜色的测量由目测或用量具测量确定。具体参照 GB/T 10651—2008 的规定执行。

5.3　果实质量理化要求

单果重

用台秤称重并记录（用感量 1/10 天平准确称取确定）。

可溶性固形物

按 NY/T 1841—2010 规定执行。

总酸

按 GB/T 12456—2008 规定执行。

硬度

按 NY/T 2009—2009 规定执行。

5.4　卫生指标检验

按 GB/T 5009.38—2003 规定执行。

6 检验规则

6.1 组批

同一生产基地、同一品种、同一成熟度、同一批采收的产品为一个批次。

6.2 抽样

按 NY/T 5344.4—2006 规定执行。

6.3 交收检验

每批产品交收前，应进行交收检验，交收检验内容包括外观质量、包装、标志，检验合格后方可交收。

6.4 型式检验

型式检验是对产品进行全面考核，即对本文件规定的全部要求进行检验。型式检验每年进行一次。有下列情况之一时，应进行型式检验：

a) 每年采摘初期；

b) 前后两次抽样检验结果差异较大时；

c) 因人为或自然因素使生产环境发生较大变化时；

d) 国家质量监督机构或主管部门提出形式检验要求时。

6.5 判定规则

按本文件进行检验，检验结果全部符合要求的，则判定该批次产品为合格品。

卫生指标有一项不合格，则判定该产品为不合格。

其他项目出现不合格项目时，允许加倍抽样对不合格项目进行复检，若仍不合格，则判定该批为不合格。

7 包装、标志

7.1 包装

包装材料应符合 GB/T 13607—1992、NY/T 1778—2009 附录 A 和国家相关卫生标准的要求。包装容器应坚固耐用、清洁卫生、干燥、无异味，内外均无刺伤果实的尖突物，并有合适的通气孔，对产品具有良好的保护作用。包装材料应无毒、无虫、无异味、不会污染果实。

7.2　标志

应符合 GB/T 191—2008、GB 7718—2011、GB/T 13607—1992、NY/T 1778—2009 的规定，并标明产品名称、数量（个数或净含量）、产地、包装日期、生产单位、执行标准及保质期等内容。

《贵州苹果》团体标准体系
编制说明

贵州省威宁彝族回族苗族自治县果业发展中心

2020 年 11 月

一、任务来源及标准基础说明

（一）任务来源

制定《贵州苹果》团体标准体系系列文件，有利于贵州苹果产业科学、规范种植，保证产品的质量安全，树立良好的产品品牌形象，对推进贵州省苹果产业发展起着重要的科技保障作用，为持续发展贵州省苹果产业、提升市场竞争力和占有率、带动农民增收致富、促进农业农村经济发展发挥着巨大作用。同时苹果产业作为贵州省山地特色高效农业产业体系建设和特色优势种植业，符合省标准化行政主管部门制定的《2019 年地方标准化项目立项指南》立项重点第（一）条现代农业的项目要求，因此特提出制订《贵州苹果》团体标准体系立项申请。

（二）标准体系基础说明

标准编制小组通过综合分析研究，根据当前省内苹果产业的发展需求及急缺的技术支撑，结合已发布的与苹果相关的国家标准及行业标准，一致认为该标准体系由生产和产品两个标准板块组成比较合理。生产板块包括：贵州苹果　病虫害绿色防控规程，贵州苹果　采摘技术规范，贵州苹果　栽培技术规程；产品板块包括：贵州苹果　质量等级、贵州苹果　贮运技术规范。通过对苹果生产及产品系列文件的制定，为贵州省苹果产业的发展提供有力的技术支撑，从而促进贵州苹果产业实现规模化、规范化及标准化发展。

二、标准编制意义

制定《贵州苹果》团体标准体系是产业的现实需要，根据贵州省政府《关于我省实施西部大开发战略的初步意见》的发展任务要求，以及省标准化行政主管部门制定的《2019年地方标准化项目立项指南》要求，为贯彻落实省政府、省市场监督管理局关于加快发展贵州特色优势农业产业的部署要求，围绕贵州苹果这个重要的传统优势产业开展的一系列标准化研究工作，为苹果的产业发展提供科技保障支撑。

制定《贵州苹果》团体标准体系可以为产业发展提供技术保障，制定可操作性强的贵州苹果系列标准，有利于在贵州省内规范苹果的栽培、病虫害防治、采摘、产品质量、贮运等全过程的技术指标及管理体系，实现对苹果从栽培、采摘、产品到贮存及运输等各环节的全方面覆盖的质量控制，更好地提高种植采摘技术含量和管理水平，有利于提高贵州苹果的整体质量水平，确保贵州苹果的产品质量和安全，确保苹果高产、高效和安全栽培。该标准体系是一个覆盖种植、采摘、产品质量、贮存及运输等全过程的苹果产业技术标准体系。有利于提升区域内贵州苹果产品的总产量、总产值，为推进苹果产业规模化发展提供技术支持。有利于合理扩大区域内苹果规模种植面积，大幅度提升农业整体效益，有力推进传统农业向现代农业的转型升级，促进一、二、三产业融合发展，提高苹果种植农户经济收入和生活水平，增加农民收入，通过改善农户生活质量达到带动区域内经济增长的目的。同时该标准体系的制定实施也有利于推进区域内产品品牌建设。通过规范和提高苹果的种植、采收、贮运、病虫害防治等技术及管理水平，保证了苹果的产品质量安全，有助于提高产品质量和品牌的社会认可度。推动农业产业结构优化升级，促进经济增长，推进贵州苹果产品在省内外市场的销售，为贵州苹果产、供、销发展提供保障。

鉴于此，为完善贵州苹果标准体系，在已有的标准内容上进行补充完善，完善的贵州苹果标准体系的发布与实施有利于规范贵州苹果的种植、加工、销售的各个环节，为贵州省苹果产业的健康快速发展提供强有力的技术支撑与保障。

三、编制原则

1. 本团体标准体系依据 GB/T 1.1-2020《标准化工作导则 第 1 部分：标准的结构和编写》的要求和规定编写。

2. 依据国家和地方关于苹果质量和安全等方面的政策法规。目前，国内已建立相关的标准包括如下。

GB/T 10651-2008《鲜苹果》

GB/T 13607-1992《苹果、柑桔包装》

GB/T 18965-2008《地理标志产品 烟台苹果》

GB/T 8559-2008《苹果冷藏技术》

GB/T 23616-2009《加工用苹果分级》

GB/T 18527.1-2001《苹果辐照保鲜工艺》

GB/T 22740-2008《地理标志产品 灵宝苹果》

GB/T 22444-2008《地理标志产品 昌平苹果》

GB 9847-2003《苹果苗木》

GB 8370-2009《苹果苗木产地检疫规程》

GB/T 12943-2007《苹果无病毒母本树和苗木检疫规程》

NY/T 1555-2007《苹果育果纸袋》

NY/T 3104-2017《仁果类水果（苹果和梨）采后预冷技术规范》

NY/T 1505-2007《水果套袋技术规程 苹果》

NY/T 1082-2006《黄土高原苹果生产技术规程》

NY/T 441-2013《苹果生产技术规程》

NY/T 2411-2013《有机苹果生产质量控制技术规范》

NY/T 1086-2006《苹果采摘技术规范》

NY/T 856-2004《苹果产地环境技术条件》

NY/T 1084-2006《红富士苹果生产技术规程》

NY/T 2316-2013《苹果品质指标评价规范》

NY/T 1793-2009《苹果等级规格》

NY/T 5012-2002《无公害食品　苹果生产技术规程》

NY/T 1075-2006《红富士苹果》

NY/T 268-1995《绿色食品　苹果》

SB/T 10892-2012《预包装鲜苹果流通规范》

SB/T 10064-1992《苹果销售质量标准》

SN/T 0888-2000《进出口脱水苹果检验规程》

3. 贵州省已发布的苹果相关地方标准有四项

分别为 DB52/T 390.3《苹果栽培　苹果常见病虫害防治技术规范》、DB52/T 390.2《苹果栽培　苹果优质丰产栽培技术规范》、DB52/T 390.1《苹果栽培　苹果建园技术规范》及 DB5205/T 2—2020《地理标志产品 威宁苹果》，其中前三项根据贵州省质监局于 2001 年 12 月 21 日发布的《贵州省现行地方标准清理结果通告》（黔质技监标〔2001〕327号），该三项标准已废止，而 DB5205/T 2《地理标志产品　威宁苹果》是 2020 年发布的，是地理标志产品专用标准。所以从目前来看贵州现行有效的苹果相关地方标准只有一项，且为地理标志产品威宁苹果的专用标准，《贵州苹果》团体标准体系的制定是在已发布的相关苹果国家标准及行业标准的基础上，突出适用于贵州省范围内的标准。

4. 本综合标准体系具有科学性、系统性、导向性和客观性，同时标准要具有可操作性和重要的规范性。

5. 引用标准均为现行有效标准。

四、编制过程

威宁是贵州省最大最重要的苹果产区，考虑到为助推苹果产业的健康快速发展，威宁自治县果业发展中心联合威宁自治县农业农村局、贵州省果树科学研究所、贵州省果树蔬菜工作站、贵州省地理标志研究会、贵州大学、威宁自治县市场监督管理局、毕节市植保植检站、毕节市经济作物工作站、威宁超越农业有限公司、威宁县乌蒙绿色产业有限公司、贵州省农业农村厅农业科教发展中心、生态环境部南京环境科学研究所、贵州省绿色食品发展中心、长顺县农业农村局、兴义市农业农村局、赫章县农业农村局、盘州市农业农村局等成立了《贵州苹果》团体标准体系标准编制工作小组。工作组围绕"生产 — 产品",通过论证分析,走访全省苹果生产加工企业、种植基地、行业主管部门,与农业专家、企业技术人员、种植农户座谈,广泛听取种植技术、生产加工、产品质量等相关方面的意见和建议并进行讨论、总结,进而完成综合标准体系的制定工作,按照 GB/T 1.1-2020《标准化工作导则 第 1 部分:标准的结构和编写》制定苹果综合标准体系草案文本和编制说明,形成目前的初步的征求意见稿。

五、标准的主要内容说明

《贵州苹果》团体标准体系主要由 5 个标准组成(表 1),形成了一个较为完整的控制链,很好地服务和指导苹果产业的发展。

该团队标准体系的相关标准的起草与编制是以相关的国家及农业部标准为基础,结合贵州各地在生产苹果过程中的自身特点,标准体系以保证不与现行的国家标准及行业标准相违背,并最大量体现贵州省境内生产苹果过程中有别于其他地区的特点及苹果产品的特有性指标,具备科学的严谨性以及在标准适用范围内的通用性。

表 1 《贵州苹果》团体标准体系

序号	标准代号	标准名称
1	T/GGI 062—2020	贵州苹果 栽培技术规程
2	T/GGI 063—2020	贵州苹果 病虫害绿色防控技术规程
3	T/GGI 064—2020	贵州苹果 采摘技术规范
4	T/GGI 065—2020	贵州苹果 贮运技术规范
5	T/GGI 066—2020	贵州苹果 质量等级

该综合标准体系的相关标准的起草与编制是以苹果的种植、产品应用为指导，围绕种植及产品展开标准制定，具有很强的可操作性和实用性。该综合标准体系是苹果产业相关科研部门、生产企业及农民合作社经过多年的生产经验总结编制而成，是专门为苹果生产量身打造的具有管理作用和指导作用的综合标准体系。全省相关产业管理部门和相关企业对标准的实用性有很强的使用性要求，在标准实用性随机调查中，该综合标准体系的实用性也得到了广泛的支持与认可。

六、标准编制说明

（一）贵州苹果　栽培技术规程

1. 范围
本文件规定了苹果生产园地选择与规划、栽植、土肥水管理、整形修剪、花果管理技术。适用于贵州苹果的生产。

2. 规范性引用文件
本文件主要引用了 GB 9847—2003《苹果苗木》、GB 15618—2018《土壤环境质量　农用土壤污染风险管控标准（试行）》、GB 5084《农田灌溉水质标准》、GB/T 8321—2000《农药合理使用准则》、NY/T 1555—2007《苹果育果纸袋》。在上述引用的五项国家标准及行业标准中均未注明标准日期，在以后标准的实施中引用标准的最新版本（包括所有的修改单）适用于本文件。

3. 园地选择与规划
3.1 园地选择
首先要根据苹果对环境条件的要求认真选择地块。冷凉干燥的气候最适合栽植苹果。苹果最喜欢土层深厚、肥沃、保墒性好而又疏松的沙壤土，且为中性或微酸性（pH 为 5.5 ~ 7）。土壤偏酸（pH 在 4 以下）苹果生长不良；土壤偏碱（pH 在 7.8 以上）则常发生严重失绿症。选择苹果园地还应做到旱能浇、涝能排，土壤含盐总量不超过 0.3%。常用方法是挖排盐沟、修筑台田、深翻压碱等。其次应选择交通便利，地势较平缓，成方连片，立地条件好，生态环境良好，远离工业园区、矿区、铁路干线等污染源，并具有可持续生产能力的农业生产区域。坚持适地适我的原则，在果树的生态最适宜区或适宜区选择园地，并从土壤、气候、地势、水源、社会经济条件等方面分析评价其优劣，从中选出最佳地段作为园址。因此园地选择应尽量满足的条件是：一是交通方便，集中连片；二是土层深厚，地下水位较低；三是最好选择平原，山地果园的坡度不应该超过 25°；四是要有一定水平的排灌水利设施；五是气候条件要适于苹果的生长与结果，尤其是小气候条件是选择苹果园地的重要依据。果园生态条件包括气候、土壤、地形、生物条件等。其中温度、光照、土壤、空气等是直接生态因素，是决定果树生存质量的关键因素。海拔、坡度、坡向等是间接生态因素，通过直接生态因素来影响果树生长发育。

（1）温度。果园选址的关键生态因素是以温度为主导的。选址时，当地年平均温度决定其是否为适宜栽培区域，而冬季最低温度及持续时间决定苹果能否安全越冬，生长季积温及气温日较差、相对湿度、光照又影响果树的营养积累而决定产量和品质。在苹果生产上通常采取综合农业气候条件来划定果树的最适宜栽培区、适宜栽培区。

（2）空气。建园时要远离化工、冶金、制造业等工业区，如硫酸厂、化肥厂、钢铁厂、发电厂、冶炼厂、搪瓷厂、玻璃厂、铝厂、造纸厂、水泥厂及工矿企业密集、能大量产生烟尘的地方和交通主干道周边。

（3）土壤。在建园前严格检测土壤，同时在建园后的果树生产过程中必须注意安全使用农药，推广配方施肥、平衡施肥，防止对土壤造成新的污染。

因此，结合生产环境以及品种特性确定气候条件为年平均气温 8 ~ 14℃。1 月份平均气温 0 ~ 6℃，夏季（6 ~ 8 月）平均气温 17 ~ 24℃。高于或等于 10℃的年积温 3000℃以上，年日照时数 1500h 以上。年降雨量 500 ~ 1500mm，年平均空气相对湿度 75% 以下。产地环境条件为砂壤土、壤土，质地良好，微酸性或中性，pH 为 6.0 ~ 7.5，有机质含量在 1.0% 以上。土层深厚，土层深度在 60cm 以上。果园土壤环境质量应符合 GB 15618—2018《土壤环境质量标准》的规定。

3.2 园地规划

果园无论面积大小均应搞好果园内的水、电、林、路等的规划。根据任务和当地具体情况，在合理利用土地、便利管理的原则下，全面考虑，统筹安排，精心设计，以达到最大限度地利用优势，克服不利因素，充分发挥土地、果树生产潜力，提高劳动生产效率，降低成本。

（1）调查。果园规划设计前期，首先应进行社会调查与园地踏查。社会调查主要是了解当地经济情况，土地、劳力资源情况，果树生产情况；到当地气象或农业主管部门查阅气象资料，采集各方信息。园地踏查主要是调查规划区的地形、地势、水源、土壤状况和植被分布，以及园地小气候条件等。调查前要拟定调查提纲并绘制必要的表格，以便详细记载调查内容。调查后聘请有关专家进行可行性分析论证。在具备发展条件的基础上，确定生产目标、发展规模、品种规划、经营规划及经济效益分析等，形成基本框架。

（2）测绘。利用测量仪器对规划区域进行测量，将待规划区域绘制成 1 : （1000 ~ 2000）的平面图（地形图），为具体规划设计提供依据。果园规划要优先保证生产用地。用地比例：果园 85% ~ 90%，防护林 5% ~ 10%，道路 3%，办公、生产、生活用房及蓄水地各占 2%。

（3）小区规划。为了便于管理，在栽植前要对果园进行区划。一般先将大面积果园划为若干大区，每个大区再划分若干小区，小面积果园只划分小区。小区也称作业区，是果园管理的基本单位。划分小区内应根据果园面积、地形，以及道路的设计等情况进行，应尽量使同一地势、土壤、气候条件等保持一致，以便于实行生产管理。平地果园条件较为一致，小区面积以 4 ~ 8hm² 为宜：丘陵山地果园地形复杂，土壤、坡度、光照等差异较大，耕作管理不便，小区面积为 1 ~ 2hm² 即可。

小区形状以长方形为好，以便于机械化作业，长边与短边比例为（2 ~ 5）：1。平原地区小区的长边与当地主风方向垂直，以增强抗风能力；山地果园小区的形状以带状为宜，小区长边与等高线平行，这样可以保证小区内气候和土壤条件基本一致，减少田间管理时往返的次数，也便于修整梯田和保持水土。

（4）道路规划。果园的道路主要由干路、支路、小路三级组成，以减轻劳动强度，提高工作效率。在合理便捷的前提下尽量缩短距离，以减少用地，降低投资。面积在 8hm² 以上的果园都应设置干路、支路和小路。

1）干路。外与附近公路相接，内与办公区、生活区、储藏转运场所相连，并尽可能贯通全园。路面宽 6 ~ 8m，可保证汽车或大型拖拉机对开；山地果园的干路可以环山而上或呈"之"字形，坡度不宜超过 7°，转弯半径不能小于 10m。

2）支路。为主要生产路，连接干路和小路，贯穿于各小区之间，与干路垂直，路面宽 4 ~ 5m，便于耕作机具或机动车通行；山地果园的支路可沿坡修筑。

3）小路。多为小区内的作业道，路面宽 1 ~ 3m；山地果园的小路可顺坡修筑，多修在分水线（田埂）上，能够通行小型拖拉机。

（5）排灌系统规划。排灌系统包括灌溉系统与排水系统两类。

1）灌溉系统，由于灌溉方式不同，灌溉系统组成也不同。灌溉方式有地面灌溉、沟灌、喷灌、滴灌和渗灌等。不同的灌溉方式其设计要求、占用土地、节水功能、灌溉效应及工程造价等方面差异很大，规划时应根据具体情况而定。苹果生产中多以沟灌、滴灌为主。沟灌主要是规划干渠、支渠。渠道的深浅与宽窄应根据水的流域面积而定，渠道的分布应与道路、防护林等规划结合，使路、渠、林配套。

2）排水系统，对地势低洼、土壤渗水性不良、临近江河湖海、临近溢水地区等易产生大量地表径流的山地与丘陵地都要设置排水系统。因此划分小区，修筑必要的道路、排灌和蓄水、附属建筑等设施。平地及坡度在 6°以下的缓坡地，栽植行向为南北向。坡度在 6 ~ 25°的山地、丘陵地，建园时宜修筑水平梯地，栽植行的行向与梯地走向相同，推荐采用等高栽植。

3.3 品种

苹果树的品种选择应在参照全国优势区域规划的基础上，结合当地的自然条件、社会条件和生产状况等，以市场需求为导向，以良种化、规模化为基础。建园时品种选择是否得当直接关系到果园效益的好坏，因此，在建园选择品种时应遵循以下原则：①选择优良品种。所选品种应具有生长健壮、丰产、优质等较好的综合优势。②品种要适应当地的生态环境条件，还要结合当地的土地条件和果园经营方针，保证苹果的优质的一致性。③同果园中品种不宜选择过多，一般选择 3 ~ 4 个品种，其中 1 ~ 2 个为主栽品种。提高苹果的商品率，形成地方特色，形成规模，以便利于销售、规模化经营，获得较高的经济效益。在确定主栽品种时一般考虑三点，即是否有独特经济性状的优良品种；是否适宜当地气候和土壤情况，优质丰产；是否适应市场需要，适销对路，经济效益高。因此一般选择当地原产或已试种成功、栽培时间长、经济性状好的品种。根据产地生态条件，结合品质与熟期特性、耐贮运性、抗性、市场要求等选择优良的品种、当地的主栽品种和适宜的授粉品种。早、中、晚熟品种比例控制在 15 ： 20 ： 65。

4. 栽植

栽植前先确定苗木的质量，苹果苗木的基本要求是品种纯正，砖木准确，地上部枝条健壮，芽体充实，具有一定的高度及粗度，根系发达，须根及水平根多，无病虫害。苗木出圃要按照标准进行分级，不合格的苗木应留在苗圃内继续培养。因此苗木的基本质量应该符合 GB 9847—2003《苹果苗木》的规定。

4.1 栽植时间

苹果树的栽植时期主要在秋季落叶到春季萌芽前，即秋栽和春栽。具体时间应该根据当地的气候条件以及苗木、肥料、栽植穴等的准备情况而定。在冬季寒冷风大、气候干燥的地区必须采取有效的防寒保护措施，如埋土、包草、套塑料袋等方式防冻害和抽条，所以冬季寒冷地区一般选择春栽，可减少一个环节。

（1）秋栽。一般在霜降后至土壤结冻前进行。秋栽有利于根系恢复，第二年春季发根早，萌芽快，成活率高。

（2）春栽。在土壤解冻后至萌芽前栽植。春栽宜早不宜晚，栽植过晚则发芽迟、缓苗慢。

因此栽植时期主要在秋季落叶到春季萌芽前。

4.2 栽植密度

苹果树栽植密度要合理，不可过密或过稀，过稀则土地不能得到充分的利用，单位面积产量不高，特别是早期产量低；过密虽然在前期产量较高，但果园很快郁闭，通风透光不良，果品产量和质量都会受到影响。栽植密度要因品种不同而异。乔化品种的株行距大于短枝型品种的，短枝型品种的株行距大于半矮化砧、矮化砧品种的。土层肥沃、深厚的果园的株行距大于土壤瘠薄果园的。此外，栽植密度还取决于机械化生产方式、整形方式和栽植方式等。根据市场需求并总结过去的经验，在土壤肥力中等以上条件下，应积极推广宽行栽植密度，乔化砧苗亩栽植以 33 ~ 55 株为宜，株行距为（3×4）m ~（4×50）m；短枝型及矮化自根砧苗、矮化中间砧苗亩栽植密度以 110 ~ 190 株为宜，株行距为（1×1.5）m ~（1.5×4）m。

4.3 栽植技术

乔化的定植穴长、宽、深均为 80 ~ 100cm，矮化的则逢中挖定植沟，沟深 60cm、宽 1 米。栽植穴或栽植沟内施入以腐熟农家肥为主的有机肥料，每亩地平均 1 ~ 2t，将肥料与土混匀填入地平面 30cm 以下，回填后定植墩高于地平面 30cm 以上。将苗木根部放入穴中央，嫁接口朝迎风方向，舒展根系，扶正，边填细土边轻轻向上提苗、踏实，使根系与土壤密接。填土后在树苗周围做直径 lm 的树盘，浇透定根水，覆细土。乔化主栽品种与授粉品种的栽植比例约为 4：1，矮化主栽品种与授粉品种的栽植比例为 8：1，同一果园内栽植 2 ~ 4 个品种。定植后勤浇水，灌水后树盘可覆盖薄膜、稻草或秕壳等保墒。乔化苗栽植时，须埋土至嫁接口与地面持平；矮化中间砧苗栽植时，须埋土至中间砧（第一嫁接口至第二嫁接口之间的砧木）2/3 处；矮化自根砧苗栽植时，须埋土至嫁接口以下 5cm 处。

5. 土肥水管理

土壤是苹果树生长结果的基础，是水分和养分供应的源泉。只有通过土壤提供各种养分供根系生长与吸收，苹果树才能正常生长发育。果园土壤、肥料、水分管理的任务就是通过不断改善土壤的理化性状，协调苹果树与土壤中的水分、养分和空气的良好关系，使分布于土壤中的苹果树根系能稳定健壮地生长，最大限度地发挥根系的各种功能，使苹果树稳产、高产、优质。

5.1 土壤管理

（1）深翻扩穴，熟化土壤。

深翻土壤可使果园土壤透气性得以改善，土壤容重降低，孔隙度增加，土壤好氧性微生物活动增强，保肥、保水能力相应得到提高，然而只进行深翻却不能使以上效果持久。特别是黏重土壤、沙质土壤等，这些类型的土壤结构差，深翻也不能改变漏肥漏水、透气性差的弊端。为了增强土壤深翻效果，必须在果园土壤深翻的同时施入大量的有机肥料，促进土壤养分及有机质的积累，提高土壤稳定性团粒结构的形成。深翻的时间一般在果实采收后至休眠前进行，在干旱无雨的山区也可在雨季进行。深翻的方式有扩穴深翻、隔行深翻、全园深翻等。

扩穴深翻从树冠外围滴水线处开始，逐年向外扩展 60 ~ 80cm，深 40 ~ 60cm，土壤回填时混以有机肥，充分灌水，使根与土密接。成年果树的根系纵横交错，为克服深翻伤根，可采取隔一行翻一行。全园深翻为将栽植穴外的土壤全部深翻，深 30 ~ 40cm。

（2）间作或生草。

间作：由于苹果树幼龄期株行间较为宽大，一般可进行果园间作。果园间作物选择矮秆、生长期短以及少与果树争肥、争水的作物种类。为解决果园有机质不足、肥力偏低的状况，果园间作物最好选择绿肥作物，间作与生草结合进行。

生草：除树盘以外，在果树行间人为播种草种或保留自然生长的草的土壤管理办法叫作果园生草法。因此人工种植草种类可选禾本科植物，较好的有三叶草等，通过翻压、覆盖和沤制等方法将其转变为有机肥，提高土壤肥力和蓄水能力，能有效地防止地表水、土、肥的流失，坡地果园尤为明显。在果园不施有机肥的情况下，生草法也能基本保持果园土壤中的有机质。连年生草可以提高土壤有机质含量；增加地面覆盖层，减少温度变幅，有利于表层根的发育，也有助于建立良好的果园生态平衡；可增加果树害虫天敌的种类与数量，有助于实现对果园某些害虫的生物防治。但是多年生牧草的种植，第1年较为困难，除要保证牧草的成活率外，还要注意防控其他杂草，较为费时费工。当草长得太高、覆盖较密时，容易与果树争肥争水，特别是春季干旱时较为显著。草长得太高后，不及时收割，会影响树冠下部的通风透光，给其他管理工作带来不方便。另外，生草多年后，土壤表层由于草根拥挤而板结，使土壤中下部透气性受到影响，生草也会给果树病虫害越冬提供场所。

（3）覆草与培土。

山地、干旱、瘠薄地的果园，尤其是密植园，不易生草，此时实行树盘、行间或者全园覆草有许多好处。一是可最大限度地提高天然降水的利用率。果园覆草后，降水通过草缝渗到土壤中贮存，天晴时可减少水分蒸发，提高雨水的利用率。二是有利于形成强大的根系。果园覆草后，表层根系得到有效的保护，可防止干旱导致的表层根系的死亡，有利于形成强大的根系群。三是有利于保护土壤结构，可以防止土壤板结，盐渍等。覆草后土壤透气性好，土壤的固、液、气状态均能良性运转，土壤结构较好。四是能提高土壤肥力。果园覆草2～3年后，草经风吹、日晒、雨淋、霜冻的作用发生腐烂，结合施肥进行压埋可大幅地提高土壤中有机质的含量，迅速培肥地力，使土壤疏松肥沃。果园覆草的方法有树盘覆盖、行间覆盖、全园覆盖三种。因此在春季施肥、灌水后用麦秆、麦糠、稻草、树叶、油菜壳等覆盖树盘，覆盖厚度15～20cm，覆盖物应与根颈保持10cm左右的距离，覆盖物上压少量细土。覆草的优点：一是扩大根系分布范围。覆盖作物，将土层、水、肥、气、热、生物等较为不稳定的土壤表层变成生态最适宜土层，扩大根系集中分布层的范围。二是保持土壤水分。这一点在较为干旱、灌水困难的果园效果显著。三是能显著提高果园土壤有机质含量。四是覆草可以防止杂草的生长，节省除草用药、用工，减少杂草与果树根系的争肥争水矛盾。五是连续多年覆草，可以改善果园土壤的结构，增加土壤可供养分，促进苹果园优质果率的提升。

覆草注意事项：一是最好是在丰水期覆盖以提高捂墒的效果。二是为防止风大草干易发生火灾或大风将草吹跑，可在草上覆盖一层薄土。三是覆草要注意连续性。在覆草压埋以后应重新覆草或在地表压埋一层土，保护苹果树的表层根系。四是覆草的果园在草腐烂过程中对土壤中氮素的消耗比较多，因此苹果园覆草后要相对增加氮素的用量以加速草的腐烂过程。

（4）中耕除草。

中耕：在植物栽培生长过程中，由于降雨、灌溉等因素的影响，常出现土壤板结，影响植物正常生长，因此需进行土壤疏松。中耕能细碎土块，疏松土壤，使空气流通，有利于根系呼吸和土壤好氧性微生物活动，促进土壤有机质的分解，增加土壤肥力；中耕能切断毛细管水上升，减少土壤中水分蒸发，保持土壤水分；能使土壤中的热量不易散失，提高土壤温度；冬季及早春，疏松的表土层可起保温的作用；中耕利于消灭杂草及害虫。中耕次数和深度需根据植物的生长及土壤的情况因地、因时制宜。黏土容易板结，中耕宜勤；沙质土不易形成板结，中耕次数可减少。天气干旱时要适时中耕保墒，大雨后土表易板结应及时中耕，因此苹果园的中耕深度保持在 5 ~ 10cm。

除草：除草是为了消灭杂草，减少土壤中水肥消耗，防止病虫的滋生和蔓延。适时消灭杂草是使苹果树正常生长发育的一项重要管理措施。除草要与中耕相结合。春、夏、秋季杂草生长快，除草宜勤。中耕、除草应选晴天或阴天土壤湿度不大时进行。雨天或雨后土壤湿度过大时不宜中耕除草，因为雨天中耕除草反会造成土壤板结，杂草不易死亡。苹果园每年除草 2 ~ 3 次以保持土壤疏松无杂草。

5.2 施肥

苹果每年都要从空气中吸取大量的二氧化碳等气体，从土壤中吸收氮、磷、钾等大量元素，同时还需要钙、镁、硫等中微量元素，锌、铁、铜、锰、硼、铝等微量元素，这些元素综合作用能使树体正常地新陈代谢。

苹果树对矿质营养元素吸收量的排序是钙＞钾＞氮＞镁＞磷。氮、磷、钾是苹果生长所必需的，也是构成果实的主要矿质营养。在消耗量大、土壤供给不足的情况下，需要持续周期性补充养分。钙和镁主要存在于根、茎和叶中，果实中含量很少。根据对各地的土样成分分析可确定是否需要补施钙、镁肥料。微量元素硼、锌、铁、锰、铜、钼也是苹果生长必需的营养元素，锌和硼涉及苹果开花结实等生殖生长过程，是最需及时补充的养分。

（1）施肥原则。

根据土壤地力或果树生长现状营养诊断结果确定施肥量，氮素营养是果树生长发育的主导因子。在生产水平较低的情况下，氮肥不足限制了果树的产量。而一些磷、钾不足的果园，应在保证氮肥用量的同时注意氮、磷、钾的配比。因此苹果园施肥以有机肥施用为主，合理施用无机肥。氮、磷、钾肥配合施用，其比例：幼树，2∶2∶1；成年树，2∶1∶2。针对性补充大、中、微量元素肥料，充分满足苹果对各种营养元素的需求。

（2）施肥方法。

施肥方法分为土壤施肥和根外追肥。在树冠滴水线外侧挖沟（穴），东西、南北对称轮换位置施肥。化肥溶于粪水一起施用。土面撒施的肥料应选用缓释肥为主。

（3）基肥。

秋季采果后施入，应突出"熟、早、饱、全、深、匀"的技术要求，以有机肥为主，保证有机肥充分沤熟，混加磷肥和少量氮素化肥。施肥量为：幼树25～50kg/株；结果期树50～100公斤/株。施肥方法以沟施为主，挖放射状沟（距树干80～100cm开始向外挖至树冠外线）或在树冠外围挖环状沟，沟深30～50cm，施基肥后灌足水。撒施肥料应在树冠投影范围内，将肥料均匀撒施后翻深20cm。

（4）土壤追肥。

采用条沟、放射沟或环状沟施肥，沟深15～20cm。土壤追肥每年3次。幼树在萌芽前、春梢旺长期、秋季追施，以氮肥为主，配合施用磷、钾肥。成年树追肥第一次在萌芽前，以氮肥为主；第二次在花芽分化及果实膨大期，以磷、钾肥为主，氮、磷、钾混合使用；第三次在果实生长后期，以钾肥为主。追肥后及时灌水。中等肥力苹果园，每产果 100kg 追施纯氮（N）1.0kg、纯磷（P$_2$O$_5$）0.5kg、纯钾（K$_2$O）1.0kg。

（5）叶面追肥。

叶面追肥是在果树生长发育期间，通过地上部分器官（叶片、新梢和果实等）补给营养的技术措施。其特点是省肥省工、速效，不受养分分配中心的影响，同时不受土壤条件的限制，避免肥料在根系施肥中的流失、淋失和固定，还可与农药混合施用。生产中常用于补充土壤追肥、矫治果树的缺素症和干旱缺水地区及果树根系受损情况下追肥。叶面喷肥效果与叶片的吸收强度、叶龄、肥料种类、浓度、喷施时期和气候条件等有关，并只能在当年的生长季节中有效。叶面喷肥不能完全代替土壤施肥。选用适宜的大量元素肥料或微量元素进行叶面喷施，全年 4～5 次。生长前期 2 次，以氮肥为主；后期 2～3 次，以磷、钾肥为主。肥料浓度：尿素 0.3%～0.5%，磷酸二氢钾 0.2%～0.3%，硼砂 0.1%～0.3%，氨基酸类叶面肥 600～800 倍。叶面追肥应结合病虫害防治进行。病虫害防治原则应符合该标准体系《苹果病虫害绿色防控规程》的规定。

5.3 水分管理

（1）灌溉。

灌溉能够提高苹果的产量和质量，而且在良好的农业技术措施的配合下还能有助于克服苹果大小年现象。花期缺水容易引起苹果落花落果，果实发育期缺水则会引起果实停止发育、减产。果实采收前，雨水量大会引起采前落果、裂果，果实品质下降。秋季雨水大会引起新梢长出秋梢，枝梢组织不充实，营养积累少。阴雨时间过长或降水量过多会引发苹果树病害增多，生产成本上升。因此，果园的适时适量灌溉是十分重要的。判断是否需要灌溉及灌水量的多少最简单和最可靠的方法是观察土壤的湿度。对于土壤湿度的观察，可在果园不同的方位取不同深度的土壤进行测试。在生产中常利用简单的目测无法来观察土壤的湿度。目测的方法是先在距离树干 2～3m 的土方用工具挖一深 30～40cm 的土穴，从穴内抓一把土用手握紧，然后将手松开，假如能够形成土团那就说明土壤的湿度充足，相当于土壤持水量 50% 左右，不需要马上灌溉。假如手指松开后不能形成土团，那就说明土壤湿度过低，必须及时进行灌溉。对于土壤水分的补充，必须在苹果根系的生长不受到威胁（即凋萎系数）前就及时补充。最适于苹果树生长发育的土壤湿度是田间土壤持水量的 60% ~ 80%。当土壤含水量低于持水量的 60% 以下时，即应考虑灌水。

因此，苹果园浇灌应考虑在春梢萌动、展叶和果实迅速膨大期适量灌溉。灌溉方式采取滴灌、树盘灌溉、沟灌、喷灌、穴贮肥水灌溉等。灌溉水水质应符合 GB 5084《农田灌溉水质标准》的规定。

（2）排水。

苹果园积水会严重影响苹果根系的生长，造成苹果树的不正常落叶。长期积水甚至会使苹果树成片死亡。果园排水工作是果园土肥水管理制度必不可少的一环。保持果园正常的含水量，可以增加果园土壤的空气含量，改善土壤理化性质，促进好氧性微生物的活动，改善果树根系的生长环境。排水对地势低洼、土壤渗水不良的果园尤为重要。每年都会出现许多果园因排水不畅而造成的不必要损失，轻则苹果树生长发育受阻，出现落叶，果实生长缓慢；重则出现大面积严重落叶，甚至造成苹果树死亡。因此果园遇涝能排，特别是对于地势低洼以及黏重土壤的果园，是一项非常重要的事情。因此，要设置明沟和暗沟两种排水系统，及时清淤，疏通排水系统，多雨季节或果园积水时可以通过沟渠及时排水。

6. 整形修剪

整形与修剪是苹果生产中一项重要的管理技术，其实施效果关系到苹果的产量与质量、经济效益。全国各地果园根据自身实际情况在生产中总结出了许多整形修剪方法，也都在当地果园收到了较好的效果。整形修剪的目的：一是改良苹果园的群体环境条件。二是调节树枝各器官之间的平衡。三是调节果树的生长、发育水平。四是调节营养物质的分配方向。整形修剪的意义在于：一是提早结果，延长经济寿命。二是提高产量，克服大小年结果现象。三是通风透光，减少病虫，提高果实品质。四是提高工作效率，降低生产成本。

6.1 常用树形

采用周年整形修剪，即在一年四季根据不同时期进行相应的整形和修剪，常用树形主要是细纺锤形、自由纺锤形、小冠疏层形。

（1）细纺锤形。

整个树冠上部渐尖，下部略宽，外观呈细长纺锤形，适于矮砧和短枝型品种密植栽培。行距 3～4m，株距约 2m，树高约 3.5m，冠径 1.5～2.0m，干高 70～90cm，中心干直立健壮，其上呈螺旋状均匀或呈层状插空着生 15～20 个单轴延伸的小主枝，小主枝不留侧枝、不分层，间距 15～20cm，各主枝插空排列，螺旋上升，由下向上，分枝角度越来越大，下部枝 70°～80°，中部枝 80°～90°，上部枝 100°～120°，直接在中心干和小主枝上结果。领导干与主枝粗度比为（3～5）：1，小主枝两侧间隔约 15cm 配备单轴、松散、下垂结果枝，全树瘦长，整个树冠呈细长圆锥形。

（2）自由纺锤形。

适于（乔化）株距约 3m、行距 4m 左右的栽植密度。树高 3.0～3.5m，冠径 2.5～3.0m，干高 60～80cm，中心干直立健壮，其上呈螺旋状均匀或呈层状插空着生 10～15 个单轴延伸的小主枝，主枝不留侧枝、不分层，主枝间距 20～25cm，主枝角度上、中、下部由 80°依次加到 90°以上，中干与主枝粗度比为 3：1，主枝上不着生侧枝，相隔 15～20cm 直接着生松散、下垂结果枝，同方位上下两个小主枝的间距大于 50cm，全树呈下大上小的纺锤形，各级主轴间（中干—主枝—枝组轴）从属关系分明，差异明显，各为母枝粗度的 1/3～1/2，当主枝粗度为中心干的 1/2 时应及时更新回缩。

（3）小冠疏层形。

适宜于 (3～4)m×(4～5)m 的栽植密度。干高 50～60cm，树高 3.5～4.0m，冠幅约 2.5m，中心干上 5 个主枝分两层。第一层在 40cm 范围内有 3 个主枝，基角 60°～70°，方位角 120°，各配置 1～2 个侧枝，第一侧枝距中心干 50cm，第二侧枝距位于第一侧枝 40～50cm 处的另侧；第二层在 20～30cm 范围内有 2 个主枝，基角 50°～60°，分别安插在第一层 3 个主枝的空间，但不宜在南向挡光，其上不着生侧枝。两层间距 80 ～ 100cm，层间配置邻近相对的两个铺养枝，其与上下层主枝不重叠，水平着生。下层主枝角度大于上层，各主枝上合理配置中小型枝组。

6.2 不同树龄

（1）幼树期。

除竞争枝和近地枝梢外，保留定干后发出的所有枝，第 3 年冬剪时疏除整形带以下的全部多余枝。春季对枝中后部、背后和两侧不易萌发的芽进行刻伤。冬剪时，一二年生树以中短截发育枝为主，促发长枝；缓放二年生树的个别长枝和三年生树的大部分长枝，促发中短枝。

（2）初果期。

冬剪疏除密生旺枝、徒长枝和纤细枝，生长季进行拉枝，辅以刻芽、环剥，培养以中小结果枝组为主的健壮结果枝群，调节结果量，合理负载。

（3）盛果期。

强旺树、弱树和中庸健壮树分别采取以"控""促"和"保"为主的修剪措施，使树体稳定、健壮。除冬剪外，加强生长季修剪，拉枝开角，及时疏除树冠内直立旺枝、密生枝和剪锯口处萌蘖枝，使枝条分布上稀下密、外稀内密，保持树冠通风透光。冬季修剪剪除病虫枝，清理病虫僵果。

7. 花果管理

7.1 授粉

苹果授粉一般采用人工授粉、蜜蜂传粉或壁蜂授粉等方法提坐果率和果实整齐度。

在苹果开花过程中，一般花的柱头有效授粉期为 4d 左右，而最适期为花开后 2d，此期授粉坐果率最高。落到柱头上的花粉发芽的最适温度一般为 10 ～ 20℃，花粉管生长的最适温度为 15 ～ 25℃。在常温下花粉管需 48 ～ 72h 通过花柱达到胚囊，在温度适宜时 24h 即可到达胚囊。完成受精作用需 1 ～ 2d。阴雨、潮湿、低温、大风会造成花粉很快失去活力，不利于授粉受精。

苹果授粉一般采取昆虫授粉、人工辅助授粉或化学调控等措施，以确保花期授粉，提高坐果率。大风天气不利于昆虫活动，蜜蜂的活动要求一般是15℃以上，低温对苹果花的授粉不利。壁蜂的使用对此有所改观。它的飞行活动要求温度为12～14℃，早晨7时左右，当气温达到11.5℃时，雌蜂即开始退出巢管，调转身体，待气温达到12℃时就开始一天的工作。

7.2 控花疏果

苹果疏花在花蕾分离至开花前进行。在品种坐果率高和花期条牛好时，可用人工法疏花，以花定果。做法是：根据树势、品种、花量等，按20～25cm（果型越大，间距越远）远留下1个位置适宜的花序，在花蕾分离期，每个花序留中心花和1～2朵边花。其优点是节约大量储藏营养，提高花朵坐果率95%以上，一级和特级坐果率达85%以上，果品质量明显提高；疏花操作省工、进度快、一步到位、不易遗漏，免去疏果的重复劳动。

因此苹果树的控花疏果根据品种、环境及花、果间距控花疏果，间距与留果方法为：实生砧嫁接树，中型果品种以果间距15～25cm留单果为主，留双果为辅；大型果品种以果间距20～30cm留单果。矮化中间砧树及短枝型树中型果品种以果间距15～20cm留单果；大型果品种以果间距20～25cm留单果。在花序伸出期至花蕾分离期，按间距疏除过多、过密的瘦弱花序。

7.3 果实套袋

果实套袋除了可以预防果实病虫害、促进果实着色、改善果实风味、防止果面污染、降低农药残留、保障果品食用安全，还可以防止裂果、便于分期采收、提高果实的耐储运性能。套袋时期分为：早、中熟品种在落花后30d左右进行，中晚熟、晚熟品种为落花后35～45d进行。套袋前必须喷1～2次杀虫剂、杀螨剂和杀菌剂混合药液，药干后选择生长正常、健壮的果实及时套袋。套袋时防止纸袋贴紧果皮。果实成熟前根据气候条件和市场需求确定除袋具体时间。根据NY/T 1555—2007《苹果育果纸袋》选择合格育果纸袋。

（二）贵州苹果　病虫害绿色防控规程

1. 范围

该文件主要规定了贵州苹果病虫害绿色防控的术语和定义、防控原则、主要病虫害、防控措施及防治记录等技术要求，适用于贵州省境内苹果生产过程中主要病虫害的绿色防控。

2. 规范性引用文件

该文件主要引用了 GB/T 8321《农药合理使用准则》、NY/T 393—2020《绿色食品　农药使用准则》、NY/T 441—2013《苹果生产技术规程》及 NY/T 1276—2007《农药安全使用规范　总则》等四项国家标准及行业（农业）标准。其中引用的 GB/T 8321《农药合理使用准则》包含了其项下的各项子标准，引用的 NY/T 393—2020《绿色食品　农药使用准则》主要是针对在全省范围内已成功申报为绿色食品的苹果种植园，这些种植园必须遵守该标准。在上述引用的四项国家标准及行业标准中均未注明标准日期，在以后标准的实施中引用标准的最新版本（包括所有的修改单）适用于本文件。

3. 术语和定义

该文件主要规定"绿色防控"的术语和定义，绿色防控从整体上来看是指从农田生态系统整体出发，以农业防治为基础，积极保护利用自然天敌，恶化病虫的生存条件，提高农作物抗虫能力，在必要时合理地使用化学农药，将病虫危害损失降到最低限度。它是持续控制病虫灾害，保障农业生产安全的重要手段；是通过推广应用生态调控、生物防治、物理防治、科学用药等绿色防控技术，以达到保护生物多样性，降低病虫害暴发概率的目的；是促进标准化生产，提升农产品质量安全水平的必然要求；是降低农药使用风险，保护生态环境的有效途径。通过以上对"绿色防控"的定义结合本文件中对"绿色防控"的主要应用，最终提炼总结出本文件对"绿色防控"的术语及定义：绿色防控 Green prevention and control，以确保农业生产安全、农产品质量安全和农业生态环境安全为目标，以减少化学农药使用为目的，采取农业防治、生物防治、理化诱控和科学用药等环境友好型措施防控病虫害的行为。

4. 防控原则

防控原则的确立主要遵循五大原则。

第一是坚持病虫草害防治与苹果栽培管理有机结合的原则。苹果的种植是通过追求高产优质、低成本，最终达到高效益的目标值。在考虑到选择高产优质的苹果品种、先进的栽培技术及管理措施来实现的同时，也必须结合具体的实际病虫草害综合防治措施，以协调苹果种植的高产优质、低成本与病虫草害防治的关系。如果病虫草害严重影响了苹果的优质高产，则其栽培的具体措施就要服从于病虫草害的防治措施，当然，苹果栽培园中病虫草害的防治也是为了实现苹果的优质高产，只有两者的有机结合，即将病虫草害防治措施寓于优质高产栽培措施之中，病虫草害防治要照顾优质高产，才能使优质高产下的栽培措施得到积极的执行。

第二是坚持各种措施协调进行和综合应用的原则。通过苹果生产中各项高产栽培管理措施来控制病虫草害的发生，是最基本的防治措施，也是最经济最有效的防治措施，如轮作、配方施肥、肥水管理、田间清洁等。合理选用抗病品种是病虫害防治的关键，在优质高产的基础上选用优良品种，并配以合理的栽培措施，就能控制或减轻某种病虫害的为害。生物防治即直接或间接地利用自然控制因素，是病虫草害防治的中心。在具体实践中，要解决好化学用药与有益生物间的矛盾，保护有益生物在生态系统中的平衡作用，以便在尽量少地杀伤有益生物的情况下去控制病虫草害，并提供良好的有益生物环境，以控制害虫和保护侵染点，抑制病菌侵入。在病虫草害防治中，化学防治只是一种补救措施，也就是运用了其他防治方法之后，病虫草害的危害程度仍在防治水平标准以上，利用其他措施也功效甚微时，就应及时采用化学药剂控制病虫草害的流行，以发挥化学药剂的高效、快速、简便又可大面积使用的特点，特别是在病虫草害即将要大流行时，也只有化学药剂才能担当起控制病虫害的重任。

第三是坚持预防为主，综合防治的原则。要将预防病虫草害发生的措施放在综合防治的首位，控制病虫草害在发生之前或发生初期，而不是待病虫草害发生之后才去防治。必须把预防工作放在首位，否则，病虫草害防治就处于被动地位。

第四是坚持综合效益第一的原则。病虫草害的防治目的是保质、保产，而不是灭绝病虫生物，实际上也无法灭绝。故此，需要化学防治的一定要进行防治，一定要从经济效益即防治后能否提高产量、增加收入，是否危及生态环境、人畜安全等综合效益出发去进行综合防治。

第五是坚持病虫草害系统防治原则。病虫草害存在于田间生态系统内，有一定的产生条件和因素。在防治上应针对某一种病虫或某几种病虫的发生发展进行系统性的防治，而不是孤立地考虑某一阶段或某一两种病虫去进行防治。其防治措施也要贯穿到整个田间生产管理的全过程，决不能在病虫草害发生后才考虑进行防治。

基于以上病虫草害防治五大原则的要求，本文件的防控原则主要为：树立"公共植保、绿色植保"理念，坚持"预防为主，综合防治"方针，遵循安全、有效、经济、简便的原则，以农业防治和物理防治为基础，生物防治为核心，按照病虫害发生的规律，科学合理使用化学防治技术，减少各类病虫害所造成的损失。按照《农药管理条例》的规定，使用的药剂应为在国家农药管理部门登记允许在苹果树上防治该病虫的种类，如有调整，按照新的管理规定执行。农药安全使用按照 NY/T 1276—2007《农药安全使用规范　总则》的规定执行。

5. 主要病虫害

确定主要防治的病虫种类，要具体到果园所在地区或不同的果园。由于不同果园地理环境、病虫害防治历史及各地防治技术水平的差异，主要病虫害种类的发生与危害会有较大的不同。通过调查果园病虫害的种类确定哪些是长发生的病虫害，哪些是偶发性的病虫害，哪些病虫害需要经常性防治，哪些病虫害只是季节性防治。有的放矢、有计划地制定防治主要病虫害的防治措施。

5.1 主要病害

贵州苹果的主要病害包括苹果树腐烂病、苹果早期落叶病、苹果轮纹烂果病、苹果炭疽病、苹果白粉病、苹果花腐病、苹果霉心病、苹果根腐类病、苹果缺素症、苹果病毒病等。

苹果树腐烂病：俗称烂皮病、臭皮病，主要危害 6 年生以上的结果树，较少在幼树上发生。发病果树树势衰弱，枝干枯死、死树，甚至毁园。苹果树腐烂病菌是弱寄生菌，凡是能够导致树势变弱的因素都能诱发苹果树腐烂病。此病 1 年有两个扩展高峰期，即 3 ~ 4 月和 8 ~ 9 月，春季重于秋季，当树势健壮、营养条件好时，发病轻微；当树势衰弱、缺肥干旱、结果过多、冻害、早期落叶病大发生后，苹果腐烂病也随之加重。

苹果早期落叶病：主要包括苹果褐斑病、灰斑病、圆斑病、轮纹斑病、斑点早期落叶病等。主要危害苹果叶片引起早期落叶，削弱树势，果实不能正常成熟。对形成花芽、果实产量、质量都有明显的负面影响。褐斑病主要危害叶片，叶片病斑初为褐色小点，后可发展成为轮纹型、针芒型及混合型。斑点落叶病主要危害叶片，造成早落，也危害新梢及果实。病斑早期为褐色圆点，其后逐渐扩大为红褐色，边缘紫褐色，病部中央常有一个深色小点或同心轮纹。另外，苹果腐烂病、苹果炭疽病、苹果锈病、苹果轮纹病等也能造成苹果树叶的早期脱落。

苹果轮纹烂果病：是一种常发的果实病害。一般年份此病的发病率为 3% ~ 5%，重发年份可达 20% 以上。防治不及时会给苹果生产带来巨大的损失。轮纹烂果病的典型症状是以果实皮孔为中心形成近圆形腐烂病斑，表面不凹陷，病斑颜色深浅交替呈同心轮纹状。果实发病多从近成熟期开始，初以皮孔为中心产生淡红色至红色斑点，扩大后成淡褐色至深褐色腐烂病斑，圆形或不规则形。典型病斑有颜色深没交替的同心轮纹，表面不凹陷。病果腐烂多汁，无特殊异味，病斑颜色因品种不同而有一定差异，一般黄色品种颜色较淡，多呈淡褐色至褐色。红色品种颜色较深，多呈褐色至深褐色，后期病部凹陷，表面散生许多小黑点，病果易脱落，严重时树下落满一层。

轮纹烂果病属真菌性病害，它可以由多种病原菌侵入引发，如轮纹病菌、干腐病菌，甚至苹果腐烂病也可引发。病菌主要是在枝干病斑上或各种植死枝上越冬。第 2 年春天产生大量的分生孢子，通过风雨传播到果实上。侵入途径主要是果实的皮孔和气孔，病菌一般从苹果落花后

7～10d 开始侵染，直到皮孔封用后结束。晚熟品种富士皮孔封闭一般在 8 月底或 9 月中旬，病菌可有 4 个多月的侵染期。轮纹烂果病的侵染发病特点从幼果期开始，果实近成熟期开始发病，采收期严重发病，采收后继续发病。苹果果实一生中轮纹烂果病可多次侵染，但只有一次发病。侵染次数的多少由当年雨日的天数与雨量的大小决定。

苹果炭疽病： 又名苦腐病或晚腐病，是一种危害严重的果实病害，也可侵染枝干。近年来，苹果炭疽病又大量侵染叶片，造成大的苹果叶片早期脱落。炭疽病除危害苹果外，还可危害梨、桃、葡萄等多种果树。炭疽病主要危害果实，也可危害叶片、果台、破皮枝等。果实受害后，初为褐色小斑点，外有红色晕圈，表面略凹陷或扁平，扩大后呈褐色至深褐色，圆形或近圆形，表面凹陷，果肉腐烂，腐烂的果肉组织呈向心圆锥状，有苦味，故又称苦腐病。当果面病斑扩展到 1cm 左右时，从病斑中央开始逐渐产生呈轮纹状排列的小黑点，潮湿时小黑点可溢出粉红色黏液。有时小黑点不明显，只见到粉红色黏液，病果上病斑数量不定，常为几个或数十个，病斑可融合。果台破伤枝受害后，症状不明显，但潮湿时病部可产生小黑点及粉红色黏液。

炭疽病病菌主要是在枯死枝、破伤枝、染病果台及病僵果上越冬，也可在洋槐树上越冬，第二年春天苹果落花后，在降雨或潮湿的条件下，越冬病菌可产生大量病菌孢子，其传播主要是通过风雨。分生孢子主要从果实叶片皮孔、伤口侵入。原则上从幼果期至果实成熟期均可侵染，但前期发生侵染果实果肉组织内炭疽病病菌呈潜伏状态，不造成发病。果实生长前期由于温度、湿度等原因被侵染机会较少。炭疽病发生轻重主要取决于越冬病菌数量的多少、果实生长期降水的多少以及是否是易感病的品种。春季降雨早、雨日多且量大，有利于炭疽病的产生、传播、侵染，生长中、后期则果实、叶片发病较重。洋槐是炭疽病的重要寄主，果园周围大量种植刺槐会加重炭疽病的发生。病害流行的条件是高温、高湿。一般潜育期为 3～13d，7～8 月份的雨后高温有利于病害的发生与流行。病害的发生与果园立地条件及栽培管理有关，肥水不足、氮肥过多、植过密、修剪粗放、树冠郁闭、地势低洼、土壤黏重、杂草丛生等均有利于炭疽病的发生。

苹果白粉病：是苹果生产中常见的一种真菌性病害，病菌主要危害苹果新梢、叶、花，还可以危害花器、幼果及休眠芽。受害后的病芽瘦尖细长，鳞片扩张，顶端尖细呈毛笔状张开成刷状。病梢细弱，节间短，病叶狭小上卷，皱缩扭曲。叶和梢均有白粉层，质地硬脆，最后自尖端逐渐变褐干枯脱落。病花畸形，花瓣细长瘦弱，最后干枯，幼果受害生长缓慢，幼果较小，多在萼洼处产生病斑。后期病斑变褐，表面有网状锈斑，并引起龟裂。白粉病是一种外寄生菌，被害后的寄主表面白粉是真菌和它的分生孢子，白粉病是一种真菌病害，属子囊菌纲白粉菌目。

其只寄生于活的寄主组织表面上，并且只能在寄主组织幼嫩阶段才能侵染。因此，病害的发生与寄主组织的发育状态有密切的关系。病菌主要以菌丝潜伏在冬芽的鳞片内越冬。第二年春季病芽萌动后菌丝很快产生分生孢子进行侵染。菌丝蔓延在嫩叶、花器及新梢的表面，以吸器深入寄主组织内部吸收营养。菌丝发展到一定阶段时可产生大量的分生孢子。分生孢子经气流传播，不断进行再侵染。4～6月是发病盛期，7～8月因高温而发病缓慢，8月底再度在苹果秋梢上蔓延，9月后则又逐渐缓慢。一年中有两个发病高峰，但以春季生长期危害较重。病菌的分生孢子在25℃以上的高温条件下即失去侵染能力，发病的最适宜温度为19～22℃，最适相对湿度接近100%。

苹果花腐病：可危害苹果的嫩叶、嫩梢、花器及幼果，但以花器及幼果受害较重。花腐病主要症状是在花的病部表面产生白色的霉状物。可在花现蕾时直接使花受侵染而腐烂，或使花朵呈黄褐色枯萎。菌丝也可由叶柄基部蔓延至花丛基部危害花梗，造成整个花序变褐腐烂，最后花朵枯萎下垂。嫩叶受害：展叶后2～3d即可发病，在叶尖、叶缘或叶的中脉两侧形成放射状红褐色病斑，并可沿叶脉蔓延至病叶基部甚至叶柄。病叶湿腐，萎蔫下垂。幼果受害：引起幼果受害的病菌是由花朵柱头入侵并通过花粉管到达胚囊内，再经子房壁扩展至表面。当果实长大至豆粒状时，即可发生褐色病斑，其上溢出褐色黏液，并带有一种特殊的发酵气味。剖开病果，褐色的腐烂组织一直延伸至心室和子房，最后全果腐烂，并于水分蒸发后变成僵果。在降雨或空气较为潮湿时，病部表面产生大量灰白粉霉状物，此即病菌的分生孢子梗和分生孢子。

花腐病病菌在落地的病果、病叶中越冬。在第二年春天苹果萌芽且环境条件适宜时产生病菌孢子，随风传播，入侵叶、花，引起危害。然后再在病部产生大量分生孢子侵染柱头，造成果腐（潜伏期 6 ~ 7d）。因此，苹果萌芽期遇到多雨低温的天气，可使苹果花腐病大范围发生。通风不好，郁闭严重，管理粗放的果园发病较重。

苹果霉心病：苹果霉心病又称心腐病、霉腐病、红腐病、果腐病，是由多种真菌混合侵染引起的、发生在苹果上的病害。主要危害果实，尤以元帅系品种受害严重。果实受害从心室开始，逐渐向外扩展霉烂。病果果心变褐，充满灰绿色的霉状物，有时为粉红色霉状物；在贮藏过程中，当果心霉烂发展严重时，果实胴部可见水渍状、褐色、形状不规则的湿腐斑块，斑块可彼此相连成片，最后全果腐烂，果肉味苦。苹果霉心病是苹果果实生长前期、采收期、贮藏期的主要病害之一，在降雨早、次数多、雨量大的年份，苹果霉心病果率占总病虫果的 30% 以上。中国各地均有发生。花期侵入，6 月份可见病果脱落，以果实生长后期脱落增多。有些病果在贮藏期才表现症状。苹果霉心病的防治方法以农业防治和化学防治为主。首先加强栽培管理，增强树势；认真清园，降低病源基数；提高果园整体管理水平。再结合化学药剂进行防治。

苹果根腐类病：

白绢病：苹果生长季节根系病害，又称烂葫芦病，高温多雨的苹果园发病严重，主要危害 4 ~ 10 年生的幼树，成龄大树或老树发病很少。苹果白绢病主要发生在根茎部，造成根茎部树皮腐烂。病树的叶片小而黄，枝条节间短，果实小而多，病部表面湿润腐烂呈褐色至红褐色，后期病皮表面腐烂如泥，具有明显的酒糟味。木质部变为青褐色，表面覆盖有一层白状菌丝，天气潮湿时，病部表面产生许多如菜籽粒大小的褐色至黑褐色菌核。有时菌丝与菌核蔓延至树干基部的地面。白绢病以 7 ~ 8 月份高温多雨季节发展最快，往往可致春季正常萌发长叶结果的苹果树在夏季突然死亡，这一点与其他烂根病危害缓慢的特点有所不同。根部发病直接从根茎部或其他部位开始，伤口对诱发病害有重要作用。

紫纹羽病：主要危害苹果树的根系。病株地上部分的表现同样是叶片变小、黄色、枝条节间缩短、植株生长衰弱。根部受害是从小根逐渐向大根扩展蔓延，病势发展较缓慢。一般情况下，病株往往要数年才会死亡。病根初期形成黄褐色不定形斑块，外表颜色仅比健根稍深，内部皮层呈褐色病变。病根表面被有浓密的暗紫色绒毛状菌丝层，尤以病健交界处明显。菌丝层色泽刚开始时较红，后逐渐转深。后期病根的皮层腐朽，皮层组织腐烂，表皮仍完好地套在外面，最后连木质部也腐烂变朽。烂根有浓烈的蘑菇味，重病树枝条枯死，甚至全树死亡。

圆斑根腐病：是真菌性病害，是一种在土壤中存活的病菌，在土壤中长期存活。只有当果树的根系衰弱时才能发病，导致树体受害。地块低洼、营养不良、土壤板结、严重盐碱排灌不畅、土壤通气性差、大小年严重等一切导致树势衰弱的因素都可以诱发病菌对根系的侵害。圆斑根腐病主要危害苹果树的须根和小根，严重时也可蔓延至大根。病株地下部分的发病先从须根开始（吸收根），病根变褐枯死，然后蔓延至肉质根。围绕须根的基部形成一个红褐色的圆斑，随着病斑的扩大与相互融合，深达木质部，整段根变黑死亡。在这个过程中，病根也可反复产生伤愈组织和再生新根，因此最后病部变得凹凸不平，病健组织交错。由于病株伤愈作用和萌发新根的功能，病情发展呈现时起时伏的状况。当肥水和管理条件较好、植株生长健壮时，有的病株甚至可以完全恢复。

苹果缺素症：苹果常见的缺素症有小叶病、黄叶病、缩果病及痘斑病等。虽然发生较为普遍，但一般危害并不严重。在局部或特殊条件的果园可能引起较大的损失。

小叶病（缺锌）：苹果小叶病主要在春季显现症状。往往部分枝梢发病，病梢发芽较晚，抽叶后生长停滞，呈叶簇状，不能正常生长成枝。叶片狭小，叶缘略向上卷，叶色淡黄绿或浓淡不均。病枝节间明显缩短，其上小叶簇丛状。病株的花芽分化受到影响，花芽减少，花朵小而淡，不易坐果，有的即使坐果也是小而畸形。幼树发病时根系发育不良，老病树的根系有腐烂现象。树冠稀疏不整，且不能扩大，产量低。

黄叶病（缺铁）：症状主要表现在新梢的幼嫩叶片上。开始时叶肉先变黄，而叶脉两侧仍保持绿色，致使叶面呈黄绿色网状失绿。随后叶片失绿程度逐渐加重，甚至全叶呈现黄白色至白色。病叶从叶缘变褐焦枯，最后全叶枯死并早落。严重缺铁时，新梢顶端发生枯死，呈回枯现象。病树所结果实色泽仍正常。

缩果病（缺硼）：苹果缺硼在果实上表现明显，病果的部分组织木栓化，表面凹凸不平，因而称之为缩果病。病果现象在落花后至采收期均可出现，其症状依发病早晚及品种略有不同。

苹果缺硼症状可分为干斑型、木栓型、锈斑型等。干斑型：落花后半个月幼果开始发病，初期在幼果背阴面产生褐色圆斑，病部果肉呈水渍状，后期果肉变褐枯死，下陷裂开果实畸形。重病果可提前脱落。木栓型：果实生长后期受害较多，病果内部果肉组织开始时变褐，松软呈海绵状，随后从萼筒基部开始木栓化沿果心线扩展，在果肉中呈放射状散布在维管束之间，后期发病仅果实表面凹凸不平，木栓化部分微苦，小而畸形，易早落。锈斑型：感病果多呈锈斑型症状，沿果柄周围的果面产生细密的褐色横条斑并常开裂，果肉松软。

痘斑病（缺钙）：苹果痘斑病在采收前开始表现症状，并在贮藏期继续扩展危害。开始时以果点为中心，果面出现疏密不等的小斑点，直径约为 1mm 以内的果皮变为褐色至暗褐色，其周边出现紫红色晕，晕圈 0.5cm 左右。接着果点附近组织凹陷，形成直径 1～2mm 的暗褐色痘斑。切开表皮，可见痘斑下 1mm 左右的果肉组织变褐，呈海绵状。每个果面上的痘斑因病势轻重而不同，可从个别到 100 个以上，以阳面到果顶部较重。贮运期间病果易受果腐菌类侵染而腐烂。此病常与苹果苦痘病混合发生。苦痘病是果皮以下较深的果肉组织先发生病变，呈海绵状。重病果甚至果肉深处也发生病变，变色果肉组织上面的果皮坏死，变褐并凹陷，轮廓不清，范围较大。

密果病（水心病）：苹果密果病在苹果生产中表现不重。部分果园偶有发生。病果内部组织的细胞间隙充满细胞液而呈水渍状，病部果肉的组织质地坚硬而呈半透明状，以果心及其附近果肉较多。轻病果不易从外部发现，而重病果的水渍状斑则可直扩展到果面。病果由于细胞间隙充水而比重大。病组织含酸量，特别是苹果酸的含量较低，并有醇的累积，味甜同时略带酒味。后期病部组织败坏为褐色。

苹果病毒病：苹果病毒病的种类很多，其中尤以苹果锈果病、苹果高接衰退病、花叶病发生较为普遍。另外还有许多苹果病毒病种类由于很少危害或危害症状不明显而未引起人们的重视。现在随着商品经济的发展，苗木调运、品种更换的频率越来越快，苹果病毒病的危害与控制也随之越来越引起大家的注意。

锈果病：在苹果生产中仅有零星发生，由于发生数量少及仅在果实上呈现花脸症状而未被人们重视，有时甚至还被当作新品种加以种植。锈果病表现在果实上的症状有锈果和花脸两种。锈果型：在果实上有 5 条与心室相对应的褐色木栓化锈斑，其锈斑上有众多的小裂口。锈斑自果顶部附近发生，然后沿果面向果柄处发展。病果较小，果肉汁少渣多，严重时畸形。花脸型：果面着色不均，成为黄、绿、红相间的斑块。嫁接传毒和带毒根苗是锈病的传播途径。果树修剪时不注意剪、锯的消毒也是锈果病在一个果园内普遍发生的原因。锈果病的潜育期为 3 ~ 24 个月。

花叶病：苹果花叶病在各苹果产区均有发生。一些果园的病株有时可高达 30% 以上，应该引起重视，采取防治措施，防止进一步地扩展蔓延。苹果花叶病只在叶片上形成各种类型的鲜黄色病斑或深绿浅绿相间的花叶，有斑驳型、花叶型、环斑型多种。在自然条件下，多种不同类型的症状可在某一病枝甚至同一叶片上混合发生。各症状类型之间还有许多的变型和中间型。一般病叶在 4 ~ 5 月发展迅速。有的病叶的病情指数半月以内即可从 0 达到最高等级，此后发展缓慢。严重受害的叶片 5 月下旬即开始脱落。

5.2 主要虫害

贵州苹果的主要虫害包括桃小食心虫、金纹细蛾、苹果蚜虫类、叶螨类、介壳虫类、蟓象类、卷叶蛾类、金龟子类、食叶毛虫类等。

桃小食心虫：简称桃小，又名桃蛀果蛾，属鳞翅目蛀果蛾科，是苹果主要害虫之一。幼虫蛀果时咬破果皮，在果面上留有针尖大小的蛀孔，孔口挂有泪珠状的白色果胶。随着果实的长大，蛀孔愈合成一个小黑环。蛀虫入果后纵横串食，最终达心室，蛀食种子。由于幼虫在果肉串食，使正在膨大中的果实生长受阻，果形不正，果面凹凸不平，俗称猴头果。幼虫边蛀食边排泄粪便于虫道内，被害果成豆沙馅，无食用价值。

金纹细蛾：是危害苹果叶片的常见害虫，它还可危害梨、李、海棠等。近年由于农药品种的更换，有加重危害的趋势，甚至个别果园受害成灾。金纹细蛾以幼虫在苹果树叶的表皮下潜食叶肉为害，叶下表皮与叶肉分离。叶面呈现黄绿色椭圆形筛网状虫斑，似玉米粒大小，叶背表皮皱缩鼓起，叶片向背面扭曲，虫斑内有黑色虫粪。严重时一张叶片有十多个虫斑，可造成叶片提前脱落。

苹果蚜虫类：苹果的蚜虫有许多种，但常见的有苹果黄蚜、苹果棉蚜、苹果瘤蚜三种。这三种蚜虫均给苹果生产带来较大的危害。

苹果黄蚜：又称绣线菊蚜。主要危害苹果新梢枝叶片，严重时也可危害幼果。被害新梢上的叶片凹凸不平并向叶背弯曲横卷，影响新梢发育。虫量大时新梢及叶片表面布满黄色蚜虫。苹果黄蚜一年发生十余代，以卵在枝芽基部和枝干裂皮缝里越冬。

苹果瘤蚜：又称卷叶蚜虫。主要发生在个别树上的个别枝条上。受害叶片首先出现红斑，不久边缘向背后纵卷成双筒状。叶肉组织增厚，叶面凹凸不平，后期叶片逐渐变成黑褐色，最终干枯。严重受害新梢叶片全部卷缩，并逐渐枯死。一年发生 10 代，产卵在 1 年生枝条芽缝中，在芽腋基部或剪锯口等部位越冬。苹果树发芽至展叶期孵化，若蚜群集在芽露绿部分和开绽的嫩叶上为害。随新梢抽发出嫩叶，蚜虫转移到新梢上为害，春季至秋季均以孤雌胎生繁殖。6 ～ 7 月蚜虫虫口基数最大，叶片受害最重。8 月份以后蚜量减少，10 月份后出现有性蚜，交尾后产卵，以卵的形式越冬。

苹果棉蚜：又称赤蚜、棉蚜，属同翅目棉蚜科，其寄主有苹果、海棠、花红、沙果等。苹果棉蚜属于检疫性虫害，以无翅胎生成虫以及若虫集中于树体背光的病虫伤疤、剪锯口、老枝干裂翘皮，新梢的叶腋、短果枝端的叶群、果柄梗洼以及浅土中或露于地面的根部为害。枝干被害后，被害部逐渐形成瘤状突起，后瘤破裂而造成大小深浅不一的伤口，畸形更有利棉蚜为害与越冬。根部受害后肿瘤密集，不再生长须根，并逐渐腐烂，因而树势衰弱，影响产量和质量。

叶螨类：苹果叶螨类主要有两种，即山楂红蜘蛛、二斑叶螨，均以若螨和成螨刺吸危害叶片为主，导致叶片出现褪绿斑点，甚至焦枯，严重时也危害果实。另外，还有少量发生苹果红蜘蛛及苜蓿红蜘蛛。

介壳虫类：危害苹果的介壳虫种类主要有 3 种，分别是康氏粉蚧、草履蚧、梨园蚧等。这些介壳虫可危害苹果、梨、桃、杏、柿子等果树作物。平时危害并不严重，但有时也会给苹果生产带来较大的损失。

蝽象类：危害苹果的蝽象种类主要有 3 种，分别是梨蝽、麻皮蝽、茶翅蝽等，同属于半翅目蝽科，俗称臭大姐、臭板虫。另外还有半翅目盲蝽科的绿盲蝽，半翅目网蝽科梨冠网蝽等，对苹果的叶片、果实、花、枝梢进行吸食与危害。以上几种半翅害虫，除危害苹果、梨、桃、杏、李等果树外，还危害多种林木、农作物和蔬菜。

卷叶蛾类：苹果卷叶蛾类的害虫有苹果小卷叶蛾、顶梢卷叶蛾、黄斑卷叶蛾、苹大卷叶蛾等，是苹果叶片的重要害虫，近年来随着药剂品种的不断变迁，苹果卷叶蛾类害虫已退至次要害虫的位置。

金龟子类：金龟子种类很多，分布范围也很广，全省各地苹果园皆有出现。主要种类有铜绿金龟子、黑绒金龟子、暗黑鳃金龟子、苹毛金龟子、白金花金龟子等。金龟子类害虫主要以成虫为害，以啃食幼芽嫩叶、花为主，也可危害近成熟期受伤的果实。轻者使苹果花器残缺不全，重者将嫩芽全部吃光。在成虫发生季节常成群迁入果园。幼虫又称蛴螬，取食苹果的根，也是重要的地下害虫。果苗受害后损失严重，轻者生长衰弱，重者根皮被环剥而枯死。早春危害花、芽的种类有苹毛金龟子、黑绒金龟子、阔胫绒金龟子、小青花金龟子。夏季危害果树叶片严重的有铜绿金龟子、斑喙金龟子。危害果实的有白星金龟子、褐锈花金龟子。幼虫危害严重的种类有棕色鳃金龟子、暗黑鳃金龟子等。

食叶毛虫类：这一类害虫绝大多数都是鳞翅目害虫，主要包括舟形毛虫、天幕毛虫、金毛虫舞毒蛾等。它们均以幼虫啃食叶片，将被害叶片啃食成网状、孔洞、缺刻等，因为其多以群集为害，甚至会发生将苹果树部分枝条的叶片吃光的现象。近年来，食叶毛虫类灾害发生较轻，但部分苹果园由于食叶类毛虫的存在，仍有较重的损失。

6. **防控措施**

文件中的防控措施主要是根据苹果树生长的不同阶段（即萌芽至现蕾前、现蕾至套袋前、套袋至采收前、采收至次年萌芽前）易发生的各类病、虫害来确定相应的防控措施。

6.1 **萌芽至现蕾前**

在这一时期苹果树主要的病虫害为苹果树腐烂病及相应的一些虫害，对苹果树腐烂病的防治措施为刮除腐烂病斑，即刮除腐烂病斑及周围 1cm 宽的组织，随后用甲基硫菌灵糊剂或 1.8% 辛菌胺醋酸盐水剂 30 倍液或噻霉酮膏剂涂抹刮除部位。虫害的防控措施为果园生草，选择与苹果无共同病虫害且能引诱天敌的草种，选用毛叶苕子、白三叶、红三叶、紫花苜蓿等豆科草，以及早熟禾、黑麦草等禾本科草。将果树行间土壤整平耙细，灌水除草，然后人工种草，播种深度不超过 5cm，草长到 30cm 高时刈割，留茬 5 ～ 10cm。行内树盘下铺设黑色地布。

6.2 **现蕾至套袋前**

这一阶段的苹果树病虫害主要有：霉心病、叶螨类、天牛、金龟子、桃小食心虫等。对苹果树霉心病的防治措施主要是在苹果现蕾期、花序分离期和落花期，选用多抗霉素或中生菌素进行喷雾以预防霉心病。

对叶螨类害虫的防治措施是在苹果园内释放捕食螨，在春季花芽萌动、害螨出蛰期，当每叶害螨数量少于 2 头（含卵）时，于傍晚或阴天释放捕食螨。捕食螨释放后果园内尽量使用对捕食螨安全的农药。

防治天牛主要为 4 月开始全园检查枝干，6 ～ 7 月期间成虫发生盛期，进行人工捕捉的同时在树体上喷洒杀 10% 吡虫啉 2000 倍液，7 ～ 10 天 1 次，连喷几次。如发现天牛新的排粪孔，用一次性医用注射器往孔中注射 10% 吡虫啉 2000 倍液，再用泥封严虫孔口。及时清除树下虫粪，数日后发现新虫粪应进行补治。

在对金龟子、桃小食心虫等害虫的防治措施上可运用灯光诱杀、糖醋液诱杀、性诱剂防治及人工防治、一喷多防等多种措施综合防治。灯光诱杀金龟子主要是在苹果园内安装杀虫灯于 3 月中旬至 6 月中旬进行诱杀。每天晚上开灯、白天关灯，单灯控制半径 80m、控制面积 3ha。及时清理高压网上残存的害虫残体及落虫袋内的虫体。

糖醋液诱杀害虫是在白星花金龟、黑绒鳃金龟、梨小食心虫等害虫成虫发生期，用红糖、醋、白酒、水按 1∶3∶0.5∶10 配成糖醋液，装入小盆中，液面达总容积 1/3 即可，放置距地面 1.5m 高的树杈背阴面，30 ~ 45 盆 /ha。每周清理一次盆中虫尸，并补充糖醋液。

性诱剂防治害虫可根据果园害虫发生情况，选择金纹细蛾、梨小食心虫、桃小食心虫等害虫的性诱剂进行雄虫诱杀，三种害虫诱杀时间分别是 4 月中旬至 9 月下旬、4 月上旬至 8 月上旬、5 月下旬至 8 月中旬。安放诱捕装置（性诱芯和诱捕器）60 ~ 90 个 /ha，悬挂在树冠中上层（金纹细蛾性诱装置在中层，梨小食心虫、桃小食心虫性诱装置在上层）背阴处，注意观察，及时更换性诱芯。

人工防治是在苹毛丽金龟、黑绒鳃金龟、铜绿丽金龟发生盛期，于早晨或傍晚在苹果树下铺塑料布，然后摇动树枝，迅速将震落的金龟子收集处理。按照 NY/T 441《苹果生产技术规程》要求进行疏花疏果时，人工抹杀介壳虫雌体和蛾类幼虫，摘除白粉病、斑点落叶病等发生危害的枝、梢、叶，带出园外销毁或深埋。

一喷多防针对白粉病、斑点落叶病、褐斑病、霉心病、轮纹病、炭疽病、黑点病、食心虫、蚜虫、介壳虫、叶螨、卷叶蛾、金纹细蛾等常发病虫害，依据果园病虫发生具体情况和天气变化，选择适宜的杀虫剂和杀菌剂，全园喷雾防治 2 ~ 3 次。第 1 次用药时间掌握在苹果落花后 7 ~ 10d 或落花后的第 1 次降雨之后，以防控黑点病和霉心病为主。最后一次用药时间为苹果套袋前。为保护果面，农药剂型尽量选择水分散粒剂、水剂、悬浮剂等水基化剂型。药剂组合中可加入氨基酸钙、硝酸钙等液肥，预防苦痘病。农药使用按照 GB/T 8321《农药合理使用准则》、NY/T 1276《农药安全使用规范　总则》的规定，绿色食品苹果用药符合 NY/T 393《绿色食品　农药使用准则》的要求。

6.3 套袋至采收前

这一时期主要防治的病虫害为苹果树腐烂病及斑点落叶病、褐斑病、叶螨等，且主要是针对苹果树叶的虫害防治。对苹果进行套袋必须是在喷药后 2 ~ 3d 内，果实表面药液、无露水的情况下进行。在对叶部病虫害防治上，在套袋后根据天气情况，全园喷布 1 ~ 2 次波尔多液，并根据斑点落叶病、褐斑病、叶螨等病虫害的发生情况，及时从附录 A 选择药剂开展防治。预防腐烂病是在夏季苹果树落皮层形成期，刮除新形成的落皮层后，用 1.8% 辛菌胺醋酸盐水剂 30 倍液或 4.5% 代森铵水剂 50 倍液涂刷主干和大枝。同时结合捆绑诱虫带，在 8 月上中旬，在果树主干第一分枝下 0 ~ 5cm 处缠绕 1 周诱虫带，诱集山楂叶螨、梨星毛虫、梨小食心虫、苹小卷叶蛾等越冬害虫。次年 1 ~ 2 月解下诱虫带并集中销毁。

6.4 采收至次年萌芽前

苹果栽培园在这一阶段的病虫害防控措施主要是将果园清洁和土肥水管理相结合预防病虫。在果园清洁中结合冬剪，剪除病虫枝梢、病僵果，刮除老粗翘皮、病瘤、病斑，剪锯口、伤口涂抹甲基硫菌灵糊剂、噻霉酮膏剂。清理树盘周围地面上所有枝、叶、果、皮并带出园外集中销毁。土肥水管理在秋季果实采收后进行，深翻改土并以有机肥为主施入基肥，落叶后将树干涂白，日均气温在 3 ~ 5℃时灌封冻水。根据营养诊断确定施肥量，采用微喷灌、滴灌等节水灌溉措施。果园全年土肥水管理按照 NY/T 441—2013《苹果生产技术规程》的规定执行。预防病虫的措施主要是在初冬和早春，为预防白粉病、叶螨和介壳虫等病虫害，全园树体和地面喷布 5°Bé 石硫合剂 1 ~ 2 次，使树体达到淋洗状。也可参照附录 A 有针对性选择 1 ~ 2 种杀菌剂和杀虫剂，以二次稀释法按规定浓度配制好药液，全树喷雾。

7. 防治记录

病虫害防治记录是各类苹果栽培园在日常生产及病虫害防治过程中的一项重要工作。它帮助记录农药投入品使用情况、防治具体措施及防治进展情况等，方便计算防治的成本投入，出现问题时能及时查找原因，更能作为参考制定下一步防治计划。防治记录中包括农药的名称、来源、用法、用量和使用、停用的日期，病虫草害的发生和防治情况。防治记录的保存年限则最低在二年。

附录 A

该附录为资料性附录，主要内容为贵州苹果主要病虫绿色防控常用农药，其中包含了表 A.1 贵州苹果绿色防控常用生物源和矿物源农药及表 A.2 贵州苹果绿色防控常用化学农药。表中主要对病虫害名称、防治适期、农药名称及剂量、使用方法、最大施药次数进行了规定，这一明细化表格的列出对该文件的适用性及可操作性有了较大的提升，以真正实现"施之有用"。

表 A.1　贵州苹果绿色防控常用生物源和矿物源农药

病虫害名称	防治适期	农药名称及剂量	使用方法	最大施药次数
叶螨	发芽期	99% 矿物油乳油 100 ~ 200 倍液	喷雾	1
		50% 硫磺悬浮剂 200 ~ 400 倍液		2
	叶螨点片发生时	0.3% 苦参碱水剂 800 ~ 1000 倍液		2
		1.8% 阿维菌素乳油 4000 ~ 5000 倍液		2
绣线菊蚜	苹果休眠期	99% 矿物油乳油 100 ~ 200 倍液	喷雾	1
金纹细蛾	卵孵化盛期	25% 灭幼脲 3 号悬浮剂 1000 ~ 2000 倍液	喷雾	2
食心虫	卵盛期至卵孵化盛期	8000IU/ 毫克苏云金杆菌悬浮剂 200 倍液	喷雾	2
		3% 阿维菌素微乳剂 3000 ~ 6000 倍液		2
梨花网蝽	越冬成虫出蛰高峰期、卵孵化盛期	2% 阿维菌素乳油 2000 ~ 3000 倍液	喷雾	2
腐烂病、枝干轮纹病	刮皮后	2.12% 腐植酸铜水剂 10 倍液	涂抹	3
斑点落叶病	发病初期	10% 多抗霉素可湿性粉剂 1000 ~ 1500 倍液	喷雾	3
		8% 宁南霉素水剂 2000 ~ 3000 倍液		3
		86.2% 氧化亚铜水分散粒剂 2000 ~ 2500 倍液		4

续表

病虫害名称	防治适期	农药名称及剂量	使用方法	最大施药次数
褐斑病	夏季连阴雨前	80% 波尔多液可湿性粉剂 300 ~ 500 倍液	喷雾	3
		80% 乙蒜素乳油 800 ~ 1000 倍液		2
白粉病	发病初期	50% 硫磺悬浮剂 200 ~ 400 倍液	喷雾	3
		200 亿 CFU/g 枯草芽孢杆菌可湿性粉剂 0.6 ~ 0.75g/km2		3
		4% 嘧啶核苷类抗菌素水剂 400 倍液		4
果实病害（轮纹病、霉心病、炭疽病、斑点病等）	花期、幼果期、套袋前	13% 井冈霉素水剂 1000 ~ 1500 倍液	喷雾	3
		10% 多抗霉素可湿性粉剂 1000 ~ 1500 倍液		—
		80% 波尔多液可湿性粉剂 300 ~ 500 倍液		3
		3% 中生菌素可湿性粉剂 800 ~ 1000 倍液		3

注：生物源药剂不宜与碱性农药混合使用，矿物源药剂须单独使用

表 A.2 贵州苹果绿色防控常用化学农药

病虫害名称	防治适期	农药名称及剂量	使用方法	最大施药次数
果树叶螨	卵孵化盛期或点片发生时	5% 噻螨酮乳油 1200 ~ 1500 倍液	喷雾	2
		15% 哒螨灵乳油 2000 ~ 3000 倍液		2
		24% 螺螨酯悬浮剂 4000 ~ 5000 倍液		2
蚜虫	苹果生长期	22% 氟啶虫胺腈悬浮剂 10000 ~ 15000 倍液	喷雾	2
		21% 噻虫嗪悬浮剂 4000 ~ 7000 倍液		2
		5% 吡虫啉可溶液剂 1500 ~ 2500 倍液		2
		20% 啶虫脒可湿性粉剂 6000 ~ 8000 倍液		2
卷叶蛾	卵孵化盛期至 2 龄幼虫期	20% 虫酰肼悬浮剂 2000 ~ 2500 倍液	喷雾	2
		24% 甲氧虫酰肼悬浮剂 3000 ~ 5000 倍液		2
		20% 甲维·除虫脲悬浮剂 2000 ~ 3000 倍液		2
食心虫	卵盛期至卵孵化盛期	2.5% 高效氟氯氰菊酯水乳剂 2000 ~ 3000 倍液	喷雾	2
		35% 氯虫苯甲酰胺水分散粒剂 7000 ~ 10000 倍液		1
梨花网蝽	出蛰高峰期、卵孵化盛期	5% 高效氟氯氰菊酯水乳剂 2000 ~ 3000 倍液	喷雾	2
腐烂病、枝干轮纹病	刮皮后	3% 甲基硫菌灵糊剂	涂抹	2
		1.8% 辛菌胺醋酸盐水剂 30 倍液		3
		45% 代森铵水剂 50 倍液		3
		1.6% 噻霉酮膏剂		2

病虫害名称	防治适期	农药名称及剂量	使用方法	最大施药次数
斑点落叶病	发病初期	80% 代森锰锌可湿性粉剂 500 ～ 800 倍液	喷雾	3
		10% 苯醚甲环唑水分散粒剂 1500 ～ 3000 倍液		2
		43% 戊唑醇悬浮剂 5000 ～ 7000 倍液		3
		80% 丙森锌水分散粒剂 600 ～ 800 倍液		2
		40% 醚菌酯悬浮剂 2500 ～ 3000 倍液		3
		40% 双胍三辛烷基苯磺酸盐可湿性粉剂 800 ～ 1000 倍液		3
褐斑病	发病初期	10% 苯醚甲环唑水乳剂 1500 ～ 2000 倍液	喷雾	4
		25% 丙环唑水乳剂 1500 ～ 2500 倍液		4
		50% 异菌脲可湿性粉剂 1000 ～ 1200 倍液		3
		50% 氟啶胺悬浮剂 2000 ～ 3000 倍液		3
		50% 肟菌酯水分散粒剂 7000 ～ 8000 倍液		3
		30% 吡唑醚菌酯水乳剂 5000 ～ 6000 倍液		3
白粉病	发病初期	40% 腈菌唑可湿性粉剂 6000 ～ 8000 倍液	喷雾	3
		5% 己唑醇悬浮剂 1000 ～ 1500 倍液		3
果实病害（轮纹病、炭疽病、霉心病、斑点病等）	花期、幼果期、套袋前	80% 代森锰锌可湿性粉剂 500 ～ 800 倍液	喷雾	3
		10% 苯醚甲环唑水乳剂 1500 ～ 2000 倍液		3
		20% 氟硅唑可湿性粉剂 2000 ～ 3000 倍液		3
		50% 二氰蒽醌悬浮剂 500 ～ 800 倍液		3

附录 B

该附录为规范性附录，主要内容为贵州苹果生产过程中禁止使用的农药（表 B.1），该表格中所列出的各类农药均为我国相关法律法规明令禁止使用的农药，表格中对禁止使用的农药进行一一汇总增强了该文件的实用性，且标明了各类禁用农药的具体禁用原因，能有效避免对违规农药的施用。

表 B.1　贵州苹果生产过程中禁止使用的农药

种类	药品名称	禁用原因
无机砷杀虫剂	砷酸钙、砷酸铝	高毒
有机砷杀菌剂	甲基胂酸锌、甲基胂酸铁铵（田安）、福美甲胂、福美胂	高残毒
有机锡杀菌剂	薯瘟锡（三苯基醋酸锡）、三苯基氯化锡、毒菌锡	高残毒
有机汞杀菌剂	氯化乙基汞（西力生）、醋酸苯汞（赛力散）	剧毒、高残毒
氟制剂	氟化钙、氟化钠、氟乙酸钠、氟氯酸钠、氟硅酸钠	剧毒、高毒
氰制剂	氰化物类	剧毒
有机氯杀虫剂	滴滴涕、六六六、林丹、艾氏剂、狄氏剂、氯丹、硫丹、氯化苦	高残毒
有机氯杀螨剂	三氯杀螨醇	高毒、高残毒
卤代烷类熏蒸杀虫剂	二溴乙酸、二溴氯丙烷	致癌、致畸
无机磷类	磷化物类	高毒
有机磷杀虫剂	甲拌磷（3911）、乙拌磷、对硫磷（1605）、久效磷、甲基对硫磷、甲胺磷、甲基异柳磷、氧化乐果、内吸磷、磷胺、甲基硫环磷、治螟磷、灭线磷、硫环磷、蝇毒磷、地虫硫磷、氯唑磷、苯线磷、异丙磷、三硫磷、特丁硫磷、水胺硫磷、毒死蜱	高毒
有机磷杀菌剂	稻瘟净、异稻瘟净	高毒
氨基甲酸酯杀旱剂	克百威（呋喃丹）、涕灭威、灭多威、丁硫克百威	高毒
二甲基甲脒类杀虫螨剂	杀虫脒	致癌、致畸

（三）贵州苹果　采摘技术规范

1. 范围

本文件规定了贵州苹果采收成熟度指标的确定、成熟度与贮藏、采收方法、采收、分级、检验方法与检验规则等，适用于贵州省境内鲜食苹果的采摘。

2. 规范性引用文件

该文件主要引用了 GB/T 10651—2008《鲜苹果》、GB/T 8559—2008《苹果冷藏技术》、NY/T 1841—2010《苹果中可溶性固形物、可滴定酸无损伤快速测定 近红外光谱法》、NY/T 1086—2006《苹果采摘技术规范》。在上述引用的四项国家标准及行业标准中均未注明标准日期，在以后标准的实施中引用标准的最新版本（包括所有的修改单）适用于本文件。

3. 术语和定义

本文件结合 GB/T 10651—2008《鲜苹果》主要对苹果果实生长发育期、成熟、采收成熟度、食用成熟度进行了术语和定义的规定。

3.1 果实生长发育期（fruit growth and development period）

在正常气候与栽培条件下从盛花期至果实达到采收成熟度所需要的天数，每个品种的苹果果实生长发育期有所不同，因此要根据实际经验总结不同苹果的生长发育期。

3.2 成熟（maturation）

苹果果实已完成生长发育阶段，体现出该品种固有的外观特征和内在品质。

3.3 采收成熟度（harvesting maturity）

苹果果实外观表现出该品种特征，但质地、风味、香气等尚未达到最佳可食品质。

3.4 食用成熟度（edible maturity）

果实经过后熟过程，表现出该品种应有的质地、风味和香气，达到营养价值的最高点，为最佳的可食成熟度。

4. 采收成熟度指标

4.1 成熟度确定指标与方法

采收是苹果生产的最后一个环节，也是采后处理的开始。苹果采收成熟度与其产量、品质和贮藏特性有着密切的关系。采收过早，不仅果实小、重量轻、产量低，而且风味、品质和色泽也不好，贮藏期易发生虎皮病和苦痘病，果实易失水皱缩；采收过晚，果实水心病增加，贮藏期间果肉易发绵、抗病性差、腐烂率高。生产上成熟度的判别一般根据不同品种及其生物学特性、生长情况，以及气候条件、栽培管理等因素综合考虑。同时还要从调节市场供应、贮藏、运输和加工需要、劳力安排等多方面确定适宜采收期。

苹果品种多样，生长特性也表现出一定的多样性，对于任何一种果实成熟度的确定指标均有一定的局限性，同一品种在不同产地或不同年份，果实适宜采收的时间可能不同，因此确定某一品种的适宜采收期，不可单凭一项指标，本文件将下列各项成熟度指标综合考虑以确定果实的成熟度。

（1）果实生长发育期。每一个品种的果实从生长到成熟发育天数，在同一地区相同栽培条件下基本一致，因此对于特定的品种可以通过计算从落花到成熟的天数的方法确定成熟度和采收日期，以盛花后果实发育的天数作为成熟指标。各产地可根据多年的经验得出当地各苹果品种的平均发育天数。不同苹果品种平均发育天数见附录 A.1。

（2）易于采摘。果实成熟时，果柄基部与果台之间形成离层，果实容易采摘。大部分品种的果实通过轻轻转动或上托就可以很容易地从果台枝上分离。

（3）果皮底色及色泽。果实成熟时呈现出本品种特有的底色，底色分为：深绿色、绿色、浅绿色、黄绿、绿黄。当果实的底色由绿转黄时说明已经充分成熟。不同品种的果实在成熟时有固有的色泽，可以通过色泽判断果实的发育程度。果皮底色及色泽可借助标准比色卡、色度仪或感官来判断。

（4）种皮颜色。果实进入成熟阶段后，种皮颜色由乳白色逐渐变成黄褐色，果实充分成熟时，种皮的颜色变成棕色或褐色。种皮的颜色可分为：白色、种子的尖端开始变褐、种子的 1/4 变成褐色、种子的 1/2 变成褐色、种子的 3/4 变成褐色、全部变成褐色。

（5）果实硬度。当果实成熟时，由于果胶物质的变化，果实细胞间层溶解而变软。未成熟果实的果肉坚硬，而快成熟的果实则较松软，硬度下降。因此可以根据果实的硬度判断其成熟度。这种硬度的变化可以用果实硬度计测定。例如红富士苹果采收时硬度（kg/cm^2）指标是：短期贮藏用者为 5.90 ~ 6.81，长期贮藏用者为 6.36 ~ 7.26。元帅系品种供长期贮存的果实采收时硬度为 7.14。过去果实硬度的表示单位有磅、千帕，目前国家统一度量单位以 kg/cm^2 表示硬度值，果实硬度随果实成熟而逐渐降低。果实硬度的测定方法按照 GB/T 8559—2008《苹果冷藏技术》和 GB/T 10651—2008《鲜苹果》的规定进行。每次测定随机取

10 ～ 20 个果实，取其平均值。不同苹果品种采摘时推荐硬度见附录 A.2。

（6）淀粉指数。随着果实的逐渐成熟，果肉淀粉水解为糖，果实淀粉含量下降。淀粉先从子房周围的组织中开始消逝，逐渐向外扩散。适合采用淀粉碘染色法确定采收成熟度的主要品种有红元帅、金冠等。淀粉指数的测定方法按照 NY/T 1086《苹果采摘技术规范》的规定进行。不同品种采摘时推荐淀粉指数按照 9 级分级见附录 A.3。

（7）可溶性固形物。苹果中可溶性固形物的多少也可作为衡量果实成熟度的参考指标。当果实接近成熟时，果实中可溶性固形物和含糖量上升。糖含量可以用化学方法直接测出。通常生产上为了测定的方便用总可溶性固形物含量来反映果实糖含量的高低。可溶性固形物的测定可取一两滴果汁直接使用手持折光仪（又称糖度计）测得。测得的数值除糖之外，还包括酸、果胶、单宁等其他可溶于水的物质。当红富士苹果可溶性固形物含量达 14% 以上、元帅系品种供长期贮存的果实可溶性固形物含量达 11% 以上时，便可采收。适商业性采收的可溶性固形物指标取决于品种。果实可溶性固形物的测定方法按照 NY/T 1841—2010《苹果中可溶性固形物、可滴定酸无损伤快速测定 近红外光谱法》的规定执行。不同品种采摘时推荐可溶性固形物见附录 A.4。

4.2 确定果实成熟度的取样方法

确定果实成熟度的取样一般在预计采收期的前 5 周开始，每周至少取样 1 次。在同小区，同一个品种随机选取 5 株树，在每株树冠中部四周的位置上取 4 ～ 5 个果实。果实采摘后应立即进行分析测定。

5. 成熟度与贮藏

具体采收时间应根据品种、产地和果实生长发育期的气候条件，经试验后确定。成熟度指标可根据具体的品种而定。采收过早的苹果在贮藏期间易发生虎皮病、苦痘病，容易失水皱缩，采收过晚的苹果容易发生水心病，贮藏期间苹果果肉发绵快，抗病性差，容易腐烂，贮藏性大幅度降低，因此需要长期贮藏（包括气调贮藏）的果实在采收时成熟度不能太高，要适当早采。如果果实的淀粉指数分为 10 级，一般当果实的淀粉指数为 6 级左右时，采后适合长期贮藏。采后即上市鲜销的果实可适当晚采。

6. 采收

采收是以当年苹果市场需求为导向，以果实成熟度为主要依据，具体确定全园采收的时期、批次、技术规程以及相应的资金、人力、物资等资源的调配。首先，根据市场销售价格决定采收时期。可对同一株树实行分期分批采收，有助于提高产量，实现品质和商品的均一性，便于分级出售，提高售价。其次，果品用途决定采收时期。用于当地鲜食销售、短期储藏及制作果汁、果酱、果酒的苹果应在果实已表现出本品种特有的色泽和风味时采收。用于长期储藏和罐藏加工的苹果应适当提前采收，具体采收时间根据果皮色泽、果实生长日数及生理指标等综合因素确定。如用于长期储藏的红富士苹果适宜采收的指标是，果实生长 175 ~ 180d，果肉硬度为 6.36 ~ 7.26kg/cm^2，可溶性固形物含量达 14.0% 以上，果面由绿变为浅红、深红。

6.1 采收方法

采收的方法主要分为两种：人工采摘和机械采摘，目前生产中的鲜食苹果主要以人工采摘为主。

人工采摘：①优缺点。优点：灵活性高，人工采收可以做到轻拿轻放，机械损伤少，可以对果实成熟度进行判断，实现分期采收。缺点：采收效率较低。需要大量劳动力，在劳动力缺乏、工资较少的地区增加了生产成本。目前采收工具落后，采收比较粗放，新上岗的人员要培训。②采收要点。采收方法：工人要戴手套，用手掌将果实向上一托，果实即可自然脱落，果实放入采收袋或采收篮。轻摘轻放，顺序采摘：一棵树应按照由外向内、由下向上的顺序采收；采收树冠顶部的果实时要用梯子，少上树，以免撞落果实、踩断果枝。采收时间：采收应尽可能安排在果实温度较低的时段进行，如早晨和下午 4 时以后。另外，不要在阴雨天采收。

机械采收：机械采收一般使用强风或强力振动机械，迫使果实从离层脱落，在树下铺垫柔软的帆布垫或传送带承接果实将果实送至分级包装机内。国外主要应用于加工原料苹果的采收。

6.2 采收时间

苹果要避免雨天和雨后采收，晴天时，避开高温（应在 28℃以下）和有露水的时间采收，尽量减少果实携带的田间热，降低果实呼吸强度。早、中、熟品种（嘎拉，金冠等）的采收需在 7 ~ 10d 内完成，晚熟品种（富士）宜在 15d 内完成。

6.3 采前准备

人工采摘要求采前剪指甲或戴手套。穿戴合适的衣服、帽子，配置合适的采摘袋，整个采收过程应做到轻拿轻放，以免造成果实的碰压损伤。简单的采收工具可以显著提高采收效率，减少采收人工费，同时可以降低采收果的机械伤害率。采收前要准备的工具主要包括采收袋、采果梯、防雨遮荫棚、周转箱、分级板及运输工具（小型拖拉机）等。

采收袋，主要用于采收时暂时盛放果实，采收袋的重量轻，成本低，方便采果人员上树采果，采果袋大小要合适，但是如果采收袋不适宜，果实将会受到挤压造成损伤。

采果梯，采果梯为辅助的采收工具，主要用于采收果树较高处的果实。它可以在一定范围内调节高度，帮助采收人手所不能及的果实。在使用梯子前应仔细检查是否安全可靠。梯子摆放的角度应合适，确保牢靠，使用时确保人体的重心在梯子上。

防雨遮荫棚，苹果采收时根据天气情况可以在果园搭建临时防雨遮荫棚，对采收的苹果果实具有临时保护作用。这点非常重要，可以降低采收后不利的环境条件对果实贮藏性的影响。

周转箱，田间周转箱是我国现阶段使用广泛的田间周转包装。材料多为塑料，也有竹质、藤质和木质。这种采收箱的空筐可以叠放，便于周转。筐体强度高，周转次数多。田间周转箱的周转重量一般不超过一个人最大搬运能力（约 20kg），机械运输可选用 1.2m×1.2m×0.6m 的大木箱。

6.4 注意事项

采用上托果梗的方法采摘果实。轻轻转动或上托使果实可以很容易地从果台枝上分离。针对部分果皮较薄、容易发生刺伤的品种，采后应将果梗适当剪短，使果梗低于果肩。用于长期贮藏或长途运输的苹果应根据成熟度分批采收。成熟期不一致的品种也应分批采收。分批采收宜从适宜采收初期开始，分 2 ~ 3 批完成。第一批先采外围着色好的果实；第二批在第一批采收后 3 ~ 5d 进行，一次采完。分批采收有利于提高果实品质均匀度、果品质量和产量。

采收宜选择在晴天进行，被迫在雨雾天进行时应将果实放在通风处晾干。采摘前将树下的落果拾干净以免踩伤，采收时先从树冠外围和下部开始采，然后采收上部和内部的果实，逐枝采净，最后再绕树仔细检查一遍防止漏采。采摘时尽可能使用梯子、凳子，少上树，以保护苹果树枝、果实不被碰伤或踏伤。采摘时要做到轻拿轻放，避免机械损伤，如出现磕碰伤果时，要与好果分开。把果袋中的苹果放入果箱时注意轻拿轻放。苹果最大装箱深度为 60cm。果箱要有足够的机械强度，具有一定的通透性，要清洁、无污染、无异味。苹果装箱时应果梗朝下，排平放实。采收、运输时要轻摘、轻装、轻卸，以减少碰、压伤等损伤。注意保护果梗，果梗不宜过长，过长会磨伤果肩和刺伤其他果实。

7. 分级

苹果采摘后果实的大小、形状、色泽等具有一定的差异，因此采摘后的苹果应该分级处理，通过分级处理的苹果才能在市场按照级别定价、收购和销售以及包装。分级不仅可以贯彻优质优价的政策，还能推动苹果果树栽培管理技术的发展和提高。通过挑选分级、剔除病虫害和机械伤果，既可使产品按大小分级后便于包装标准化，又可以减少贮运中的损失，减轻一些危害性病虫害的传播，并将残次品及时销售和加工处理，以降低成本和减少浪费。苹果果实分级包括品质和大小两项，首先，品质等级一般根据好坏、形状、色泽、损伤和病虫害有无等质量情况分为特级、一级、二级等；其次，大小等级是根据质量、果径、长度等分特级、一级、二级等。苹果果实分级方法：人工分级。这是目前国内普遍采用的分级方法。这种分级方法有两种，一是单凭人的视觉判断，按果实的颜色、大小将产品分为若干级。用这种方法分级的产品往往偏差较大。二是用选果板分级，选果板上有一系列直径大小不同的孔，根据果实横径和着色面积的不同进行分级。用这种方法分级的产品，同一级别果实的大小基本一致，偏差较小。人工分级能最大限度地减轻果实的机械伤害，但工作效率低，级别标准有时不严格。机械分级。最大优点是工作效率高。有时为了使分级标准更加一致，机械分级常常与人工分级结合进行。目前我国已研制出了水果分级机，大大提高了分级效率，国外的机械分级，大多数采用电脑控制。机械分级设备有：重量分选装置、形状分选装置、颜色分选装置。

结合苹果分级指标和贵州主要的分级方法，本文件主要是苹果的外观等级规格指标、分级指标、主要品种色泽分级、主要品种单果重等内容，见表2，表3，表4。

表2　贵州苹果外观等级规格指标

项目		特级	一级	二级
基本要求		充分发育，成熟，果实完整良好，新鲜洁净，无异味、不正常外来水分、刺伤、虫果及病害，果梗完整		
色泽		具有本品种成熟时应有的色泽，苹果主要品种的具体规定见表2		
单果重（g）		苹果主要品种的单果重等级要求见表3		
果形		端正	比较端正	可有缺陷，但不得有畸形果
果梗		完整	允许轻微损伤	允许损伤，但仍有果梗
果锈	褐色片锈	不得超出梗洼和粤洼，不粗糙	可轻微超出梗洼和粤洼，表面不粗糙	不得超过果肩，表面轻度粗糙
	网状薄层	不得超过果面的2%	不得超过果面的10%	不得超过果面的20%
	重锈斑	无	不得超过果面的2%	不得超过果面的10%

续表

项目		特级	一级	二级
果面缺陷	刺伤	无	无	允许干枯刺伤，面积不超过0.03cm²
	碰压伤	无	无	允许轻微碰压伤，面积不超过0.5cm²
	磨伤	允许轻微磨伤，面积不超过0.5cm²	允许不变黑磨伤，面积不超过1.0cm²	允许不影响外观的磨伤，面积不超过2.0cm²
	水锈	允许轻微薄层，面积不超过0.5cm²	轻微薄层，面积不超过1.0cm²	面积不得超过2.0cm²
	日灼	无	无	允许轻微日灼，面积不超过1.0cm²
	药害	无	允许轻微，面积不超过0.5cm²	允许轻微药害，面积不超过1.0cm²
	雹伤	无	无	允许轻微雹伤，面积不超过0.8cm²
	裂果	无	无	可有1处短于0.5cm的风干裂口
	虫伤	无	允许干枯虫伤。面积不超过0.3cm²	允许干枯虫伤，面积不超过0.6cm²
	痂	无	面积不得超过0.3cm²	面积不得超过0.6cm²
	小疵点	无	不得超过5个	不得超过10个

注：1. 只有果锈为其固有特征的品种才能有果锈缺陷
    2. 果面缺陷，特等不超过1项，一等不超过2项，二等不超过3项

表3　贵州苹果主要品种色泽等级要求

品种	特有色泽	最低色泽百分比 ／ %		
		特级	一级	二级
黔选系	深红	70	60	45
富士系	红／条红	70	60	45
嘎啦系	红色	70	60	45
金冠系	绿黄	绿黄，允许淡绿色，但不允许绿色。		
华硕	鲜红	70	55	28
元帅系	浓红或紫红	70	55	28

注：1. 本表中未涉及的品种，可比照表中同类品种参照执行
    2. 提早采摘和用于长期贮藏的金冠系品种允许淡绿色，但不允许深绿色

表4 贵州苹果主要品种单果重等级要求

品种	特级（g）	一级（g）	二级（g）
黔选系	≥ 190	≥ 170	≥ 140
富士系	≥ 200	≥ 180	≥ 160
嘎啦系	≥ 180	≥ 150	≥ 120
金冠系	≥ 200	≥ 180	≥ 160
华硕	≥ 200	≥ 180	≥ 160
元帅系	≥ 240	≥ 220	≥ 200

8. 检验方法

苹果单果重量采用小台秤（感量为2g）测定。苹果果实的色泽测量用目测或用量具测量确定，测量方法严格参照GB/T 10651—2008《鲜苹果》的规定。苹果如有病虫害应及早发现，并且正确识别和观测病虫害的种类，防止危险性病虫害的传播，病虫害的发生对整体苹果果实具有严重的危害性，如果果实外部表现病虫害症状，或外观尚未发现变异而对果实内部有怀疑者，都应捡取样果用小刀进行切剖检验，发现苹果内部有病变时可扩大检果切剖数量，进行严格检查。

9. 检验规则

各等级容许度允许的串级果只能是邻级果。二级不允许明显腐烂、严重碰压伤、重度裂口未愈合的果实包括在容许度内。容许度的测定以全部抽检包装件的平均数计算。容许度规定允许的果梗受损果其果梗损伤不得伤及果皮。容许度规定的百分率一般以重量为基准计算，如包装上标有果个数，则应以果个数为基准计算。

验收容许度

特级：可有不超过2%的一级果。另外，允许有不超过2%的果实果梗轻微受损。

一级：可有不超过5%的果实不符合本等级规定的品质要求，其中串级果不超过3%，损伤果不超过1%，虫果不超过1%。另外，允许有不超过5%的果实无果梗。

二级：可有不超过8%的果实不符合本等级规定的品质要求，其中串级果不超过 4%，损伤果不超过 2%，虫果不超过 2%。另外，允许有不超过 10% 的果实无果梗。本等级容许度范围内的果实，其正常外观不得受到影响，并具有适合食用的品质。

各等级不符合单果重规定范围的果实不得超过 5%。

整批货物不得有过于显著的果实大小差异。经贮藏的苹果，各等级均允许有不超过 5% 的不影响外观和食用的生理性病害果，且不计入果面缺陷的规定限额。在整批苹果满足该等级规定容许度的前提下，单个包装件的容许度不得超过规定容许度的 1.5 倍。

附录 A

该附录为资料性附录，综合本文件内容与贵州苹果生长实际现状，附录主要对贵州主栽苹果的生长发育期、采摘时硬度、采摘时淀粉含量以及采摘时可溶性固形物含量进行了归纳总结（表 A1、表 A2、表 A3、表 A4），根据归纳的采摘指标参数可以有效地进行不同品种苹果的采摘，规避采摘的误区，减少损失，提高苹果采摘效率。

表 A1　不同苹果品种的生长发育期天数

品种	果实发育期／d
黔选系	145 ～ 150
富士系	170 ～ 180
嘎啦系	120 ～ 130
金冠系	140 ～ 145
华硕	140 ～ 145
元帅系	125 ～ 135

表 A2　不同苹果品种采摘时硬度推荐指标

品种	果实硬度 / （kg/cm^2 ）≥
黔选系	6.8
富士系	7
嘎拉系	6.5
金冠系	7
华硕	6.5
元帅系	6.8

表 A3　不同苹果品种采摘时淀粉推荐指数

品种	淀粉指数
黔选系	6.0 ～ 7.0
富士系	7.0 ～ 8.0
嘎啦系	4.0 ～ 4.5
金冠系	4.0 ～ 5.0
华硕	4.0 ～ 5.0
元帅系	4.0 ～ 4.5

表 A4　不同苹果品种采摘时的推荐可溶性固形物含量

品种	可溶性固形物 / ％ ≥
黔选系	12.0
富士系	14.0
嘎啦系	12.5
金冠系	13.0
华硕	12.5
元帅系	11.0

（四）贵州苹果　贮运技术规范

1. 范围

本文件规定了贵州苹果的术语和定义、入库、贮藏条件、贮藏方式、贮藏期限和出库指标、出库管理、运输。本文件适用于贵州省境内苹果的贮藏及运输。

2. 规范性引用文件

该文件中主要引用了 GB/T 8559—2008《苹果冷藏技术》、GB/T 10651—2008《鲜苹果》、GB/T 12456—2008《食品中总酸的测定》、GB/T 13607—1992《苹果、柑桔包装》、NY/T 1841—2010《苹果中可溶性固形物、可滴定酸无损伤快速测定 近红外光谱法》、NY/T 2009—2011《水果硬度的测定》、SB/T 10064—1992《苹果销售质量标准》、SBJ 16—2009《气调冷藏库设计规范》，以上文件对于本文件的应用是必不可少的。凡是注日期的引用文件，仅所注日期的版本适用于本文件。凡是不注日期的引用文件，其最新版本（包括所有的修改单）适用于本文件。

3. 术语和定义

本文件主要对冷库、气调冷藏库（气调库）、通风库进行了术语和定义的规定。

冷库主要用作对食品、乳制品、肉类、水产、禽类、果蔬、冷饮、花卉、绿植、茶叶等的恒温贮藏，一般冷库多由制冷机制冷，利用气化温度很低的液体（氮或氟利昂）作为冷却剂，使其在低压和机械控制的条件下蒸发，吸收贮藏库内的热量，从而达到冷却降温的目的。最常用的是压缩式冷藏机，主要由压缩机、冷凝器，节流阀和蒸发管等组成。按照蒸发管装置的方式又可分直接冷却和间接冷却两种。直接冷却将蒸发管安装在冷藏库房内，液态冷却剂经过蒸发管时直接吸收库房内的热量而降温。间接冷却是由鼓风机将库房内的空气抽吸进空气冷却装置，空气被盘旋于冷却装置内的蒸发管吸热后再送入库内而降温。空气冷却方式的优点是冷却迅速，库内温度较均匀，同时能将贮藏过程中产生的二氧化碳等有害气体带出库外。冷库实际上是一种低温联合起来的冷气设备，冷库（冷藏库）也属于制冷设备的一种，与冰箱相比较，其制冷面积要大很多，但他们有相通的制冷原理。通过以上对"冷库"的定义，结合本文件中对"冷库"的主要应用，最终提炼总结出本文件对"冷库"的术语及定义：冷库 cold storage，用于在低温条件下保藏货物的建筑群，包括库房、氮压缩机房、变配电室及其附属建筑物。

　　气调冷库又称气调库或气调保鲜库。气调库一般由气密库体、气调系统、制冷系统、加湿系统、压力平衡系统以及温度、湿度、氧气、二氧化碳，气体自动检测控制系统构成。气调贮藏是现在最先进的果蔬保鲜贮藏方法。它是在冷藏的基础上增加气体成分调节，通过对贮藏环境中温度、湿度、二氧化碳、氧气浓度和乙烯浓度等条件的控制，抑制果蔬呼吸作用，延缓其新陈代谢过程，更好地保持果蔬新鲜度和商品性，延长果蔬贮藏期和销售货架期。通常气调贮藏比普通冷藏可延长贮藏期 2～3 倍。要使气调库达到所要求的气体成分并保持相对稳定，除了要有符合要求的气密性库体外，还要有相应气体调节设备、管道、阀门所组成的系统，即气调系统。整个气调系统包括制氮系统、二氧化碳脱除系统、温度、湿度及气体成分检测控制系统等。通过以上对"气调冷藏库"的定义结合本文件中对"气调冷藏库"的主要应用，最终提炼总结出本文件对"气调冷藏库"的术语及定义：气调冷藏库（气调库）controlled atmosphere cold storage（CA cold storage），采用人工调控气体成分和温、湿度的保鲜货物的建筑群。

　　通风库是一种具有良好隔热、通风性能的永久性贮藏设施，利用自然通风或辅以轴流式风机强制排风，适用于果品、蔬菜、粮食等物品的短期贮藏。库房上设有进出风口，可在密闭条件下利用库内外的温差及昼夜温度的变化，以控制通风换气的方式来保持库内适宜的温、湿度。有些通风库还装设有机械通风设备。通风库的特点和原理与棚窖相似，也是利用自然冷热空气对流的原理，引入外界冷空气，换出库内热空气，使库内温度降低。但是通风库是永久性的固定建筑，它既属于自然降温范围，又具有一定的人工调节性质。它比其他自然降温方式具有更好的保温性和降温性，贮藏应用范围广，操作管理方便，贮藏保鲜效果也比较好，是目前我国果蔬商品贮藏中应用最广泛的一种贮藏方式。因此通过以上对"通风库"的定义，结合本文件中对"通风库"的主要应用，最终提炼总结出本文件对"通风库"的术语及定义：通风库 ventilation library，利用良好的隔热保温材料和有较好通风设备建设的永久性的贮藏库。

4. 入库

4.1 入库前基本要求

苹果在入库前一定要挑选细节，要把带有机械伤、虫伤或成熟度不同的苹果分别剔除。因为苹果中含有大量的水分和营养物质，是微生物生活的良好培养基。被微生物污染的果蔬很快就会全部腐烂变质。不同成熟度的苹果也不宜混在一起保藏。因为较成熟的苹果在经过一段时间保藏后会形成过熟现象，其特点是果体变软，并即将开始腐烂。有些苹果经过挑选后，质量好的、可以长期贮藏的应分级包装，并装箱或装筐。苹果在装箱（筐）时要特别注意勿将果柄压在周围的果体上，以免把别的水果果皮碰破。在整个挑选整理过程中都要特别注意轻拿轻放，以防止因工作不慎而使果体受伤。苹果采收后要及时进行冷却，把苹果内部的热量散出。原料产地未经冷却的果蔬进入冷藏间后，要采取逐步降温的办法防止某些生理病害的发生，预冷不彻底或者不及时都会降低苹果的鲜度、风味和品质。苹果采收后晚入库预冷一天，其贮运期将减少 10～30d，因此苹果入库前应具有品种固有的果型、硬度、色泽、风味等特征，果实要完好、洁净、无机械伤病虫害和外来水分。用于长期贮藏（气调库贮藏）的苹果的外观质量应达到《贵州苹果采摘技术规范》中规定的"特级"或"一级"标准。入库前果实的理化指标应满足表 5 的规定，黔选系、嘎啦系、元帅系的硬度最低不能低于 $6.5kg/cm^2$、元帅系的可溶性固形物最低不能低于 11%，嘎啦系和华硕总酸最低不能低于 0.35%。果实的卫生指标应符合 GB/T 10651—2008《鲜苹果》的规定，应保持新鲜洁净，去除伤病果。果实采收后按《贵州苹果采摘技术规范》要求进行分级。果实采收后迅速预冷降温，应在 24 小时内及时入库。

表5　贵州苹果入库前理化指标

品种	硬度 /（kg/cm²）	可溶性固形物 / %	总酸 / %
黔选系	≥ 6.5	≥ 12.5	≤ 0.40
富士系	≥ 7.2	≥ 14.0	≤ 0.40
嘎啦系	≥ 6.5	≥ 12.5	≤ 0.35
金冠系	≥ 7.0	≥ 13.5	≤ 0.60
华硕	≥ 7.0	≥ 12.5	≤ 0.35
元帅系	≥ 6.5	≥ 11.0	≤ 0.40
检测方法	NY/T 2009	NY/T 1841	GB/T 12456

注：贮藏结束时果实应具有固有的风味和质量

4.2. 入库及堆码

苹果贮藏期间容易害病，主要有生理性病害和微生物感染病害，因此苹果入贮前按 GB/T 8559—2008《苹果冷藏技术》要求对库房及包装材料进行灭菌消毒处理，消除各种病虫害和微生物，然后及时对库房进行通风换气。库房温度应预先从 1 ~ 3d 降至 −1 ~ 0℃，使库体充分蓄冷。对于气调库贮藏，还应检查库体的气密性。经过预冷的苹果可成批或一次性入库；未经预冷的苹果需分批次入库，入库量应小于库容量的20%。堆码方式应保证库内空气正常流通。不同品种、等级、产地的苹果应分别堆放。贮藏密度不超过 250kg/m³；大塑料箱或大木箱堆码贮藏密度可增加 10% ~ 20%。垛位不宜过大，垛高视箱强度而定，箱与墙之间保留间距 10 ~ 20cm，箱与箱之间保留间距 1 ~ 5cm，入贮后应及时填写货位标签和平面货位图。货位堆码按 GB/T 8559—2008《苹果冷藏技术》的规定执行。

5.贮藏条件

5.1 温度

贮藏温度是影响苹果贮藏效果最重要的因素。低温伤害是贮藏期因冰点以上的不适低温引起的生理失调，贮藏温度在 −2 ~ 2℃范围内均可发病，初期在果心周围出现微小的褐色，病斑以放射状由内向外扩展，能很快扩展到果皮，在果皮出现软腐状斑块，褐变组织细胞松散，组织解体，变为软腐状，有酒精味，失去食用价值。

因此在不产生低温伤害的基础上，苹果贮藏寿命通常随着温度降低而延长。低温可以抑制虎皮病、苦痘病以及衰老、褐变等生理病害的发生，但贮藏的温度过低会引起果实冻害和生理失调。在一定范围内，随着环境温度的升高，果实呼吸作用会增强，果实中的营养成分将会被大量消耗，果实逐渐衰老腐败。所以适宜低温可有效地抑制果实呼吸作用，维持果实正常而缓慢的生命活动，从而延长果实的贮藏期和货架寿命。苹果适宜冷藏的温度因品种而异，大多数品种为 $-1 \sim 1℃$。气调的适宜温度比普通冷藏高 $0.5 \sim 1℃$，苹果预冷后入库有利于迅速进入适温贮藏环境。入库期间，库房的温度避免大幅度的波动。库房贮藏后，要求库温 48 小时内进入技术规范要求的温度状态。保持此温度（误差小于 $0.5 \sim 1℃$）直至贮藏结束。在贮藏期间对库房温度进行连续或间歇性测定。

5.2 湿度

湿度与温度相比，空气相对湿度属于次要因素，对果实的呼吸代谢影响不大。但空气相对湿度过低会导致果实大量失水皱缩，商品质量下降。空气相对湿度过高有利于微生物滋生，引起果实腐烂。因此要定时测定库房温度和湿度，测温点的选择要具有代表性，测温点的多少与分布根据库容大小而定，测定仪器放在不受到冷凝、异常气流、辐射、振动和冲击的地方。其中探头应用来监控库内自由循环的空气温度，对于吊顶式冷风机，探头应安装在从货物到冷风机回风入口处的空间内。苹果贮藏的适宜相对湿度为 90% ～ 98%，相对湿度测点的选择与测温点一致。

5.3 其他

影响苹果贮藏保鲜的气体成分中，氧和二氧化碳是最主要的组分。适当降低贮藏环境中氧的浓度，或者适当提高二氧化碳浓度，均可抑制果实呼吸和成熟，是苹果气调贮藏效果好的主要原因。二氧化碳的增减直接影响果实呼吸强度，从而影响果实的贮藏效果。高浓度的二氧化碳会使果实呼吸作用显著减弱，但二氧化碳浓度过高就会导致果实发生某些生理病害，如二氧化碳中毒或低氧伤害。苹果中元帅系、金冠系、嘎拉系等属于耐二氧化碳品种，红富士和澳洲青苹等属于对二氧化碳敏感的品种。瓶盖小包装和大帐贮藏是靠苹果自身呼吸作用降低氧气含量，提高二氧化碳的浓度，包装贮藏过程中应定时检查袋内气体的组成，当气体成分不适宜时应及时揭开袋放气，避免二氧化碳对苹果的伤害。采用气调贮藏时，对于耐二氧化碳的苹果品种，果品温度降到 1.5℃ 以后即可以开始降氧，采取快速气调方式，在数小时内将氧气降至 3% 以下。对于富士、澳洲青苹等不耐二氧化碳的苹果品种，需待果品温度降至适宜贮藏环境温度才能开始调气。在气调过程中，二氧化碳浓度应始终低于氧气浓度。对于其他品种，在果品冷却到适宜贮藏温度且库温和果温稳定之后立即调节库内气体成分，将氧气迅速降至 5%，利用果品自身呼吸作用继续降低库内氧气含量，提高二氧化碳含量，直至达到适宜的氧气和二氧化碳浓度。此后，即靠脱除二氧化碳和补充氧气的办法使库内氧气和二氧化碳稳定在适宜范围之内，直到贮藏结束。

二氧化碳中毒由高浓度二氧化碳抑制苹果体内过氧化物酶系统所导致，缺氧气伤害则是贮藏环境中氧气浓度偏低引起，二氧化碳中毒有果实外部伤害和内部伤害 2 种，外部伤害发生在贮藏前期，病变组织界限分明，呈黄褐色，下陷起皱，内部伤害表现为果肉果心局部组织出现褐色小斑块，最后病变部分果肉失水成干褐色空腔，食之有苦味。整果风味变淡，伴有轻微发酵味，二者相同处是受害果硬度不减，缺氧气伤害果皮导致木栓化，果肉至果心组织坏死，并有浓烈的发酵味。苹果二氧化碳中毒和缺氧气伤害的程度与品种、采收期、贮藏温度、湿度有关，气调贮藏过程中各品种对二氧化碳和氧气指标都有不同要求。

随着环境中乙烯浓度的积累升高，乙烯反过来促进果实的呼吸代谢，加速果实成熟和衰老过程。所以应采取有效措施减少内源乙烯的产生，除去环境中的乙烯可以延缓果实成熟衰老。为进一步提高贮藏效果，在贮藏过程中可采用乙烯脱除装置或乙烯吸收剂脱除库内的乙烯。垛间和包装之间应留有空隙，保证空气流通，最大限度使库房内冷空气流动分布均匀。贮藏环境乙烯浓度应控制在 $10\mu L/L$ 以下。入贮初期 1 周通风换气 1 次，后期 2 周 1 次。普通冷藏也需要加强气体管理。在贮藏过程中定期通风换气，排除苹果代谢活动所释放和积累的有害气体成分（如乙烯、乙醇、乙醛等），但应防止库内温度出现大的波动。

采收后的果实受贮藏库内温度、空气湿度、果实周围空气的相对湿度和空气流速的影响会失水减重。果实的水分损失大部分通过果实表面角质层的裂缝和开口处流失，极少通过气孔或花萼开口处。果皮的厚度、蜡被多少与果实失水有关。不同品种在贮藏过程中失水速率不同。早采的果实由于表皮的保护作用差，容易失水过度导致萎蔫，不仅重量减轻，而且影响外观质量，减弱抗病能力。通过对比分析本文件主要苹果品种贮藏适宜条件见表6，入满库后12d之内达到适宜贮藏温度，温差±0.5℃，在果实出库前7～10d应逐步升温或隔热保温长途运输。

表6 主要苹果品种贮藏适宜条件

品种	推荐温度 /℃	预期贮藏期限 / 月
黔选系	0～1	5～7
富士系	−1～1	5～7
嘎啦系	0	4～5
金冠系	−1～0	5
华硕	0～1	6
元帅系	0～1	6

6.贮藏方式

6.1 冷库贮藏

各种形式的冷藏库贮藏逐步成为我国苹果的主要贮藏方式，对鲜苹果的中长期供应起着主要作用。新鲜的苹果采摘后应尽快入库预冷、入贮，满库后1～3d内降至要求的贮藏温度。无公害苹果在冷库内贮藏应采用塑料薄膜袋或塑料大帐简易气调贮藏，比单纯冷库冷藏（裸果贮藏）贮期不但可延长1～2个月，而且减少果实水分损耗引起的皱皮和失重现象，库内不用加湿，能减少除霜次数，更利于节约电力和保持库温的稳定性。因此使用冷库贮藏的苹果采后应尽快入库预冷、贮藏，满库后12d内降至适宜贮藏温度。裸果贮藏时库内相对湿度应达到95%～98%；塑料薄膜小包装或大帐贮藏的库内相对湿度在80%～90%。通过查阅资料以及调查分析主要苹果品种的冷库贮藏最适条件见表6。

表7　主要苹果品种的冷库贮藏最适条件

品种	温度 /℃	相对湿度 %
黔选系	0 ~ 1	85 ~ 90
富士系	−1 ~ 0	93 ~ 98
嘎啦系	0 ~ 1	85 ~ 90
金冠系	−1 ~ 0	85 ~ 90
华硕	0 ~ 0.5	85 ~ 90
元帅系	−1 ~ 0	85 ~ 90

6.2 气调库贮藏（CA）

苹果是典型呼吸跃变型水果，因此，最适于气调贮藏，如美国苹果气调（CA）贮藏量占苹果总贮量的90%以上，英国占80%，由于气调库贮藏比单纯冷藏的贮期可延长2 ~ 4个月，甚至更长，苹果贮藏后色泽鲜艳风味好，货架期长，虎皮病等生理病害较少，是商业上实现苹果长期贮藏的最好方法。特别是对于无公害苹果出口更需要气调贮藏。气调贮藏的适宜温度可比一般冷藏高0.5 ~ 1℃。气调贮藏温度在0 ~ 1℃或0 ~ 2℃，库内相对湿度90% ~ 95%，一般情况下，果实接近适宜贮藏温度时才能降低氧气。富士苹果不耐二氧化碳，为了防止二氧化碳伤害，富士贮藏环境中的二氧化碳浓度应小于2%，由于气调库贮藏适用于贮藏期6个月以上或冷害敏感的苹果，通过查阅资料以及调查分析本文件主要苹果品种的气调贮藏最适条件和贮藏期见表8。

表8　主要苹果品种的气调贮藏最适条件和贮藏期

品种	推荐温度 /℃	推荐气体组合比		预期贮藏期限 / 月
		CO_2, %	O_2, %	
黔选系	0 ~ 1	1.5 ~ 2.5	1.5 ~ 2.0	8 ~ 10
富士系	−1 ~ 0	2	5	9 ~ 12
嘎啦系	0 ~ 1	1.5 ~ 2.5	1.5 ~ 2.0	5 ~ 8
金冠系	−1 ~ 0	1 ~ 2.5	1.5 ~ 2	8
华硕	0 ~ 1	2 ~ 5	2 ~ 3	7 ~ 9
元帅系	−1 ~ 0	1 ~ 2.5	1.5 ~ 2	7 ~ 9

6.3 通风库

通风库是一种具有良好隔热、通风性能的永久性贮藏设施，利用自然通风或辅以轴流式风机强制排风，适用于果品、蔬菜、粮食等物品的短期贮藏。通风库贮藏比较简单易行，使用费用低，结合贵州实际的贮藏设备，采用通风库比较普遍。在使用通风库要利用风道对流或强制通风降温，其中强制通风量为单位时间内库内容积的 15 ~ 20 倍。库内果实采取小包装或大帐自发气调贮藏，由于袋装的苹果在呼吸作用时会产生大量的二氧化碳，消耗氧气，因此在贮藏过程中定时检测袋内的气体组成，预防二氧化碳过量以及氧气不足对苹果造成伤害，贮藏的过程中也应该严格预防鼠害。

7. 贮藏期限和出库指标

苹果贮藏期间容易出现病害，主要病害大体上可分为生理性病害和微生物侵染病害，生理性病害主要有虎皮病、苦痘病、红玉斑点病、水心病、苹果褐变病、二氧化碳中毒和缺氧气伤害以及低温伤害等；微生物侵染病害主要有轮纹病、炭疽病、褐腐病、霉心病、灰腐病、苹果青、绿霉病等。因此苹果的贮藏时间应该以不影响苹果销售质量为宜，符合 SB/T 10064—1992《苹果销售质量标准》的要求，定期抽样检查。苹果出库时要求好果率大等于 95%，失重率小等于 5%，硬度指标符合表 9 的规定。

表 9　出库苹果最低硬度推荐指标

品种	硬度／（kg/cm²）
黔选系	5.5
富士系	6.5
嘎啦系	6.0
金冠系	6.0
华硕	5.5
元帅系	5.5

8. 出库管理

先入库的苹果先出，以免苹果储存时间过长而变质；不要频繁进出货，以避免冷库能耗增加；如果是放置在气调库内，最好是快进整出；

即货物经过几天装满冷库储存就不开门了，出库时在短时间内出完，如果是散出，出货后要调节库内气体成分。气调贮藏苹果出库前必须先解除气调状态，打开门，开动风机对流通风 1 ~ 2h，使氧气浓度达到 21%，应符合 SBJ 16—2009《气调冷藏库设计规范》的规定。苹果出库前要逐步升温，升温速度以每次高于果温 2 ~ 4℃为宜，当果温升到低于外界环境温度 4 ~ 5℃时即可出库。出库后，果实应轻搬、轻放、轻拿，避免果实机械伤害。

9. 运输

9.1 运输要求

水果运输过程中主要面临三个问题：一个是时效性，一个是温度控制，还有一个是货运的堆砌方式。苹果的生产具有一定的区域性，苹果的运输应该根据品种特性、果实成熟度和运输的距离确定运输方式，尽可能创造良好的温度条件。最佳方法是采用冷链运输，即从下树预冷到出库低温运输等，减少运输中的品质下降和腐烂损失。长途运输和大规模运输宜采用冷藏集装箱或气调集装箱，减少中转环节，以便于铁路、公路、水路和航空运输之间的联系。短途普通货车运输过程中应轻装轻卸、适量装载、平稳运输、快装快运、避免或减少振动。长途运输应进行预冷处理，消除果实携带的田间热，并在运输过程中保持适当低温。远洋运输应对果实采取保湿或增湿措施。长途运输和远洋运输还应采取通风措施，防止二氧化碳积累造成果实伤害。苹果运输包装可根据目标市场和运输方式确定。特级果和一级果必须层装，实行单果包装，用柔韧、干净、无异味的包装材料逐个包紧包严；二级果层装和散装均可。层装苹果装箱时应果梗朝下，排平放实，箱子要捆实扎紧，防止苹果在容器中晃动。包装内不得有枝、叶、沙、石、尘土及其他异物。封箱后要在箱面上注明产地、重量等级、品种及包装时间。果实出库装箱后，重量、质量、等级、个数、排列、包装等指标检验合格者可封箱成件。

综合来讲，苹果在采收以后和出库后的运输过程中均应轻装轻卸，适量装载，行车平稳，快装快运，运输中应尽量减少振动。采收以后不经过贮藏直接长途运输的果实，当果实温度大于 15℃时，应预冷后再装车运输。运输过程中应保证适当的低温，以 3 ~ 10℃为宜。若运输时间短，可不采取保湿措施。长途或远洋运输时果实需采取保湿措施，以90% ~ 95%为宜。长途或远洋运输应采用通风的办法防止有害气体累积造成果实伤害。包装容器应符合 GB/T 13607—1992《苹果、柑桔包装》的规定。

冷藏运输时应保持车内温度均匀，使每件货物均可接触到冷空气。保温运输时应确保货堆中部及四周的温度适中，防止货堆中部积热和四周产生冻害。堆码时，货物不应直接接触车的底板和壁板，货件与车底板及壁板之间须留有间隙。对于低温敏感品种，货件不能紧靠机械冷藏车的出风口或加冰冷藏车的冰箱挡板。

9.2 运输工具与运输方式

长途运输和大规模运输宜采用冷藏集装箱或气调集装箱。短途运输可采取普通货车运输。装运苹果的车、船应清洁、干燥、无毒、便于通风，不与有毒、有害物质混装混运。

（五）贵州苹果　质量等级

标准编制小组在对已发布的与苹果质量相关的国家标准及行业标准进行查阅后，发现已经发布的苹果产品质量标准存在着标准范围广、缺乏有效的理化指标管控等问题，仅仅对市场上流通的苹果进行了分级，不能充分体现贵州苹果产品质量特色，满足不了行业发展需要。鉴于此，《贵州苹果 质量等级》，立足贵州苹果产品质量特色起草，充分体现了贵州本土苹果的质量特色。

1. 范围

本文件规定了贵州苹果的术语和定义、果实品质、试验方法、检验规则及包装、标志。本文件适用于贵州省境内生产的黔选系、富士系、嘎啦系、金冠系、华硕、元帅系等苹果。

2. 规范性引用文件

该文件中主要引用了 GB/T 191—2008《包装储运图示标志》、GB 2762—2017《食品安全国家标准　食品中污染物限量》、GB 2763—2019《食品安全国家标准　食品中农药最大残留限量》、GB/T 5009.38—

2003《蔬菜、水果卫生标准的分析方法》、GB 7718—2011《食品安全国家标准　预包装食品标签通则》、GB/T 10651—2008《鲜苹果》、GB/T 12456—2008《食品中总酸的测定》、GB 13607—1992《苹果、柑桔包装》、NY/T 1778—2009《新鲜水果包装标识　通则》、NY/T 1841—2010《苹果中可溶性固形物、可滴定酸无损伤快速测定　近红外光谱法》、NY/T 2009—2011《水果硬度的测定》、NY/T 5344.4—2006《无公害食品　产品抽样规范　第4部分：水果》，以上文件对于本文件的应用是必不可少的。凡是注日期的引用文件，仅所注日期的版本适用于本文件。凡是不注日期的引用文件，其最新版本（包括所有的修改单）适用于本文件。

3. 术语和定义

本文件引用了 GB/T l0651—2008《鲜苹果》中界定的术语和定义，并对贵州苹果进行了术语和定义的规定。本文件所指的贵州苹果主要是指在贵州省境内，按照本文件体系中规定的栽培技术规程生产并达到本文件要求的苹果。

4. 果实品质

在苹果果实的品质规定中主要是对其果实大小、表面颜色、理化质量、卫生指标进行了规定。

4.1 果实大小

果实大小的指标拟定主要参考了与苹果质量相关的国家、行业及地方标准中的要求，结合编制小组自我采样检测的数据拟定。指标中将贵州苹果区分为大型果和小型果，其中大型果及小型果又分别分列为特级、一级、二级共三个等级，以果实的横切面直径为确立指标，大型果特级、一级、二级分别拟定为 ≥ 80mm、≥ 75mm、≥ 70mm，小型果特级、一级、二级分别拟定为 ≥ 70mm、≥ 65mm、≥ 60mm，特别注明：数值指果实的横切面最大直径，单位为毫米，其他指标应符合 GB/T 10651《鲜苹果》的规定。

4.2 果实表面颜色

果实大小的指标拟定主要是参考了与苹果质量相关的国家、行业及地方标准中的要求，以贵州省内栽种的各类苹果品种，结合编制小组自我采样检测的数据拟定。贵州省内主要栽培的苹果品种有黔选系、富士系、嘎啦系、金冠系、华硕、元帅系等，根据不同品种的苹果果实表面颜色着色程度分别确立特级、一级、二级共三个等级。黔选系品种苹果果实特级为表面颜色深红 75% 以上、一级深红 65% 以上、二级深红 50%以上；富士系果实特级为表面颜色红或条红 75% 以上、一级红或条红 65% 以上、二级红或条红 50% 以上；嘎啦系果实特级为表面颜色红 75% 以上、一级红 65% 以上、二级红 50% 以上；金冠系果实表面颜色绿黄，允许淡绿色，但不允许深绿色；华硕果实特级为表面颜色鲜红 70% 以上、一级鲜红 50% 以上、二级鲜红 30% 以上；元帅系果实特级为表面颜色鲜红 70% 以上、一级鲜红 50% 以上、二级鲜红 30% 以上。

4.3 果实理化质量

果实理化质量的指标拟定也是主要参考了与苹果质量相关的国家、行业及地方标准中的要求，以贵州省内栽种的各类苹果品种，结合编制小组自我采样检测的数据拟定，指标中主要拟定了对单果重、可溶性固形物、总酸、硬度的要求。以品种进行区分，黔选系的果实单果重 ≥ 140g，可溶性固形物 ≥ 12.5%，总酸 ≤ 0.40%，硬度 ≥ 5.5kg/cm^2；富士系的果实单果重 ≥ 160g，可溶性固形物 ≥ 14.0%，总酸 ≤ 0.40%，硬度 ≥ 6.5kg/cm^2；嘎啦系的果实单果重 ≥ 120g，可溶性固形物 ≥ 12.5%，总酸 ≤ 0.35%，硬度 ≥ 6.0kg/cm^2；金冠系的果实单果重 ≥ 160g，可溶性固形物 ≥ 13.5%，总酸 ≤ 0.60%，硬度 ≥ kg/cm^2；华硕的果实单果重 ≥ 160g，可溶性固形物 ≥ 12.5%，总酸 ≤ 0.35%，硬度 ≥ 5.5kg/cm^2；元帅系的果实单果重 ≥ 200g，可溶性固形物 ≥ 11.0%，总酸 ≤ 0.40%，硬度 ≥ 5.5kg/cm^2。

4.4 卫生指标

卫生指标主要是按国家标准 GB 2762—2017《食品安全国家标准 食品中污染物限量》及 GB 2763—2019《食品安全国家标准　食品中农药最大残留限量》中对苹果的污染物限量及农药最大残留限量的规定执行。

5. 试验方法

在试验方法中对苹果的果实大小以标准分级果板进行测量来确定。

果实表面颜色的测量由目测或用量具测量确定，具体方法参照国家标准GB/T 10651—2008《鲜苹果》的规定执行。在果实理化质量的相关指标测定中，果实的单果重用台秤称重（感量1/10天平准确称取确定）并记录；可溶性固形物的测定按行业标准NY/T 1841—2010《苹果中可溶性固形物、可滴定酸无损伤快速测定　近红外光谱法》确定的方法进行检测；总酸的测定按国家标准GB/T 12456—2008《食品中总酸的测定》确定的方法进行检测；果实硬度的测定按行业标准NY/T 2009—2011《水果硬度的测定》确定的方法进行检测。卫生指标则是以国家标准GB 2762—2017《食品安全国家标准　食品中污染物限量》及GB 2763—2019《食品安全国家标准　食品中农药最大残留限量》中对苹果的污染物限量及农药最大残留限量确立的各项指标，再按照国家标准GB/T 5009.38—2003《蔬菜、水果卫生标准的分析方法》中确定的相关方法进行检测。

6. 检验规则

以同一生产基地、同一品种、同一成熟度、同一批采收的产品为一个批次，抽样方法按行业标准NY/T 5344.4—2006《无公害食品　产品抽样规范 第4部分：水果》的规定执行。每批产品交收前应进行交收检验，交收检验内容包括外观质量、包装、标志，检验合格后方可交收。型式检验是对产品进行全面考核，即对本文件规定的全部要求进行检验，型式检验每年进行一次。当每年采摘初期前后两次抽样检验结果差异较大时、因人为或自然因素使生产环境发生较大变化时及国家质量监督机构或主管部门提出型式检验要求时应进行型式检验。按本文件进行检验，若检验结果全部符合要求，则判定该批次产品为合格品。卫生指标有一项不合格则判定该批产品为不合格。其他项目出现不合格时允许加倍抽样对不合格项目进行复检，若仍不合格，则判定该批产品为不合格。

7. 包装、标志

包装材料应符合GB 13607—1992《苹果、柑桔包装》、行业标准NY/T 1778—2009《新鲜水果包装标识　通则》中附录A和国家相关卫生标准的要求。包装容器应坚固耐用、清洁卫生、干燥、无异味，内外均无刺伤果实的尖突物，并有合适的通气孔，对产品具有良好的保护作用。包装材料应无毒、无虫、无异味、不会污染果实。

标志应符合 GB/T 191—2008《包装储运图示标志》、GB 7718—
2011《食品安全国家标准 预包装食品标签通则》、GB 13607—1992《苹
果、柑桔包装》及 NY/T 1778—2009《新鲜水果包装标识　通则》的规
定，并标明产品名称、数量（个数或净含量）、产地、包装日期、生产
单位、执行标准及保质期等内容。

七、社会、经济效益

贵州苹果主要以威宁苹果为主，威宁苹果是贵州十大名优果品，产
品酸甜适度，汁液丰富，果香味浓郁，不仅在昆明、贵阳市、六盘水等
周边市场赢得良好的声誉，还以优异的质量特点名冠整个云贵高原。在
1973 年"全国外销苹果基地现场会优良品种（系）鉴评"上，威宁苹果
品种"金冠"曾获得黄色品种第 2 名的荣誉称号；80 年代所产"红富士"
苹果更是以其极佳的品质获得"贵州省优质农产品"称号；《贵州省·
农业志》中对贵州名优果品的考察中，有威宁苹果的明确记载，《威宁
县志》中也记载着威宁盛产苹果，且味佳质优。

威宁苹果具有酸甜适度、果香味浓郁的特点，以果肩部的暗红条纹
为代表特征，具有独特的高原地域特色。产品果形近圆形，色泽鲜艳，
果肩部位有暗红条纹，果点稀疏，果肉黄白色，肉质细脆，汁液丰富，
香味浓郁，酸甜适口。威宁苹果具有以下质量特色：可溶性固形物分别
为富士系 ≥ 14.5%、黔选系 ≥ 13.0%，还原糖 ≥ 5.0%，总酸 ≤ 0.4%，维
生素 C ≥ 1.0mg/100g；单果重富士系 ≥ 180g、黔选系 ≥ 170g。其中，总
酸含量最低至 0.24%，是威宁苹果肉质细脆、酸甜适度、果香味浓郁的重
要原因。

威宁苹果种植历史悠久，相传最初由当地回民开始种植。《威宁县
志》记载：威宁西北一带，毗连滇之昭、鲁，多回族。据回族族谱记载，
不少回民源于陕西。威宁回民的迁入从明初由战乱而来，以后随着商业
贸易的开展，清朝部分回族假贸易之名客游于黔，最后落籍威郡。威宁

县志记载："清朝年间，中河乡回族将苹果枝嫁接在林檎砧上，至今尚存。"由于贸易、文化的往来融汇，回族同胞们将苹果也从外地带入威宁。他们远离故土，来到一个新的地方，因为思念故土，便在自家门前屋后插上一枝苹果枝，希望在思念故土亲人的时候，看着满树红彤彤、圆溜溜的苹果可以找到心灵的寄托。这些回民们栽种的苹果适应了威宁特殊的气候，长出来的果实色泽鲜艳，酸甜之中散发着浓浓的香味，于是便开始被移栽至四里八乡。时至今天，威宁苹果俨然已演变成了威宁的一种文化。回族的古尔邦节、苗族的芦笙舞和花山节、彝族的火把节等神秘悠远。威宁苹果生长于这样一个民族风俗浓厚的少数民族聚居之都，其本身也被赋予厚重的民族风情色彩，成了人们走亲访友的礼物。

威宁苹果核心生产区是牛棚、中水、观风海、小海、城关等地，在威宁苹果最适区域建立苹果种植示范基地，重点引导培育农民发展高产、高质的威宁苹果。近年来，威宁根据苹果优势区域分布，按照连片规划，集中打造，形成连点成线、连线成带、连带成块的板块经济布局，在牛棚、迤那、斗古、中水、玉龙、猴场等 18 个乡镇新增苹果种植面积 13 万亩，进一步延伸苹果产业链条。威宁是"中国南方落叶水果基地"，也是贵州唯一的优质苹果生态适宜区。目前，威宁苹果种植面积达 33 万亩，挂果面积 10.8 万亩，总产量 8 万吨，产值 3.2 亿元，初步形成了以黑石、雪山、牛棚等乡镇为主的万亩优质苹果生产基地，为实现果农增收致富奠定了坚实基础。

贵州省苹果产业发展应按照科学发展观的要求，紧紧围绕农民增收、企业增效和财政增长，抓住国家实施新一轮西部大开发和建设面向西南开放桥头堡的重要机遇，以效益为核心，以市场为导向，以加工为主线，以质量为保障，坚持用工业化的理念谋产业发展，坚持以品牌化的战略抓市场开拓，坚持走生态化的道路促提质增效，致力于推进基地建设规范化、产品加工标准化、品牌打造国际化，不断强化营销网络、技术研发、质量监管、社会服务四大支撑体系，全力推进苹果基地向区域化、规模化、专业化方向发展，加工企业向集团化、集约化方向发展，苹果产品向优质化、品牌化方向发展，促进产业升级，推进苹果综合效益重大提升，为构建绿色经济强省和建设社会主义新农村做出更大贡献。

八、与法律法规和其他国家标准的关系

本团体标准体系与现行有关法律、法规和其他国家标准均有很好协调性，无冲突。

九、重大意见分歧的处理结果和依据

本团体标准体系在编写过程中无重大意见分歧。

十、是否涉及专利说明

本团体标准体系中未涉及相关专利。

十一、参考的主要技术文件

GB/T 191—2008《包装储运图示标志》

GB 2762—2017《食品安全国家标准 食品中污染物限量》

GB 2763—2019《食品安全国家标准 食品中农药最大残留限量》

GB/T 5009.38—2003《蔬菜、水果卫生标准的分析方法》

GB 7718—2011《食品安全国家标准 预包装食品标签通则》

GB/T 8559—2008《苹果冷藏技术》

GB/T 10651-2008《鲜苹果》

GB/T 12456-2008《食品中总酸的测定》

GB /T13607—1992《苹果、柑桔包装》

NY/T 1778—2009《新鲜水果包装标识 通则》

NY/T 1841—2010《苹果中可溶性固形物、可滴定酸无损伤快速测定 近红外光谱法》

NY/T 2009—2011《水果硬度的测定》

NY/T 5012—2012《无公害食品　苹果生产技术规程 》

NY/T 5010—2016《无公害农产品　种植业产地环境条件》

NY/T 5344.4—2006《无公害食品 产品抽样规范　第 4 部分：水果》

SB/T 10064—1992《苹果销售质量标准》

SBJ 16—2009《气调冷藏库设计规范》